"工程教育认证"系列课程规划教材

DIANGONG DIANZI FUDAO

电工电子辅导

田晶京　姚瑶　编

罗映红　主审

中国电力出版社
CHINA ELECTRIC POWER PRESS

内 容 提 要

本书为"工程教育认证"系列课程规划教材。

本书共分为 10 章，主要包括电路的基本概念与基本分析方法、交流电路、变压器、电动机及继电接触器控制电路、半导体器件、基本放大电路、运算放大器、数字电路基础、组合逻辑电路及时序逻辑电路。每章都包含知识点解析、考试真题分析、考试模拟练习题三个部分，其中考试模拟练习题参考答案可通过扫码获取，便于学生自学。

本书可作为高等工科学校本科电类相关专业的电工电子课程教学的配套辅导教材，也可作为各非电类专业全国注册工程师考试的公共基础电学辅导用书，还可作为全国注册电气工程师考试的公共基础和专业基础学习参考资料。

图书在版编目（CIP）数据

电工电子辅导 / 田晶京，姚瑶主编 . —北京：中国电力出版社，2019.8
"工程教育认证"系列课程规划教材
ISBN 978-7-5198-3532-3

Ⅰ．①电…　Ⅱ．①田…②姚…　Ⅲ．①电工技术－高等学校－教学参考资料②电子技术－高等学校－教学参考资料　Ⅳ．① TM ② TN

中国版本图书馆 CIP 数据核字（2019）第 177850 号

出版发行：中国电力出版社
地　　址：北京市东城区北京站西街 19 号（邮政编码 100005）
网　　址：http://www.cepp.sgcc.com.cn
责任编辑：冯宁宁（010-63412537）
责任校对：黄　蓓　郝军燕
装帧设计：王红柳
责任印制：吴　迪

印　　刷：三河市百盛印装有限公司
版　　次：2019 年 8 月第一版
印　　次：2019 年 8 月北京第一次印刷
开　　本：787 毫米 ×1092 毫米　16 开本
印　　张：8.5
字　　数：203 千字
定　　价：26.00 元

前　言

　　当今高等教育工程认证在我国高等学校大力推进，工程教育专业认证要求高等学校培养毕业生的目标是成为相应专业的注册工程师。我国勘察设计注册工程师执业资格考试包括：一、二级注册结构工程师、注册土木工程师（岩土、港口与航道工程、水利水电工程）、注册公用设备工程师（暖通空调、动力、给水排水）、注册电气工程师（发输变电、供配电）、注册化工工程师、注册环保工程师等专业。考试分为基础考试和专业考试，基础考试为闭卷考试，统一试卷专业考试分专业命题。公共基础部分电学内容的试题 30 分左右，占到四分之一的比例。对于注册电气工程师考试不仅仅公共基础要考电工电子的内容，专业基础考试要求掌握的知识点更多、更深、更难。本书按照全国勘察设计注册工程师执业资格考试大纲的要求，分析历年的考试真题，编写出适合工程教育的导学教材，帮助有意愿参加全国勘察设计注册工程师执业资格考试的学生分析电工与电子学习的重点和难点，使得学生在学习期间做到有的放矢，明确所学知识的作用和重要性。

　　传统的电工与电子技术课本是从学科出发，强调知识的系统性。工程教育专业认证却要求从需求出发，强调学生的学习成果。为了适应各个专业进行工程教育专业认证的需要，本书从培养未来的工程师和参加考试所需的知识为定位，梳理知识的重点和难点内容，讲解解题方法与技巧，从一个新的角度阐述电工与电子技术知识，使学生明确学习电工与电子技术课程的目的，学习电工与电子技术知识的用途，掌握应用电工与电子技术知识的方法。

　　本书在兰州交通大学陶彩霞等编写的《电工与电子技术》教材的基础上，进一步分析总结全国勘察设计注册工程师执业资格考试的考点，凝练出重点和难点。通过大量的习题分析讲解，进一步帮助学生理解和掌握各个知识点的内容，使学生明确知识点的应用。通过大量的模拟练习，使学生达到对所学内容的灵活应用。具体特点如下：

　　（1）内容覆盖面广泛，涵盖了电工与电子技术当中电路的基本概念与基本分析方法、交流电路、变压器、电动机及继电接触器控制电路、半导体器件、基本放大电路、运算放大器、数字电路基础、组合逻辑电路、时序逻辑电路等知识点。

　　（2）从一个新的角度阐述电工与电子技术知识，从培养未来的工程师和参加考试所需的知识为定位，梳理知识的重点和难点内容，讲解解题方法与技巧。

　　（3）真题分析和练习题全部采用历年来的注册考试真题。

　　本书由兰州交通大学田晶京主编，其中第 1、2、5、7、8、10 章由田晶京编写，第 3、4、6、9 章由姚瑶编写。

本书在编写过程中，得到了兰州交通大学罗映红教授的大力支撑和帮助，教研室其他老师对本书的编写提出了很多宝贵的意见和建议，在此表示衷心的感谢！

限于编者水平，加之时间仓促，不足之处在所难免，恳请大家批评指正。

编　者
2019 年 5 月

目　录

总码—考试模拟练习题参考答案

第1章 电路的基本概念与基本分析方法

本章主要介绍了电路的基本概念和组成、求解复杂电路的基本定理与分析方法、一阶电路的暂态分析。公共基础考试大纲要求掌握的内容：电路组成；电路的基本物理过程；理想电路元件及其约束关系；电路模型；欧姆定律；基尔霍夫定律；支路电流法；等效电源定理；叠加原理；电路暂态；R—C、R—L电路暂态特性；电路频率特性；R—C、R—L电路频率特性。专业基础考试大纲要求掌握的内容：掌握电阻、电容、电感、独立电压源、独立电流源、受控电压源、受控电流源；掌握电流、电压参考方向的概念；熟练掌握基尔霍夫定律；掌握常用的电路等效变换方法；熟练掌握结点电压方程的列写方法，并会求解电路方程；了解回路电流方程的列写方法；熟练掌握叠加原理、戴维宁定理和诺顿定理；掌握换路定则并能确定电压、电流的初始值；熟练掌握一阶电路分析的基本方法；了解二阶电路分析的基本方法。

1.1　知　识　点　解　析

1.1.1　电路知识

1. 电路的组成

电路即电流的通路，一般包括电源、负载和中间环节三个组成部分。电路的作用一般分为两类，一类是实现电能的传输和转换。另一类是用于进行电信号的传递和处理。

2. 电路中的基本物理量

电路中的基本物理量包括电流、电压、电功率等。在进行电路的分析与计算时，需要知道电压与电流的方向。在简单直流电路中，可以根据电源的极性判别出电压和电流的实际方向，但在复杂直流电路中，电压和电流的实际方向往往是无法预知的，需要给它们假定一个参考方向。当电压、电流的参考方向与实际方向一致时，则解得的电压、电流值为正；相反时则为负。电路元件的电压、电流参考方向取为一致，称为关联参考方向；不一致为非关联参考方向，如图 1.1 所示。

图 1.1　电压、电流参考方向

(a) 关联参考方向；(b) 非关联参考方向

3. 电路元件

(1) 电阻元件。电阻的电压与电流之间的关系遵从欧姆定律。在关联参考方向下，其表达式为 $u = Ri$。电阻元件也可用电导参数来表征，它是电阻 R 的倒数，即 $G = \dfrac{1}{R}$，电导的单位是西门子（S）。电阻消耗的电功率为 $p = ui = Ri^2 = \dfrac{u^2}{R}$，由于电阻元件算出的功率任何时刻都是正值，因此电阻是一种耗能元件。

（2）电感元件。电感的电压和电流关系为 $u_L = L\dfrac{\mathrm{d}i}{\mathrm{d}t}$，在直流电路中，电感元件相当于短路。交流电路中，$i = \dfrac{1}{L}\displaystyle\int_{-\infty}^{t} u_L \mathrm{d}t = \dfrac{1}{L}\displaystyle\int_{-\infty}^{0} u_L \mathrm{d}t + \dfrac{1}{L}\displaystyle\int_{0}^{t} u_L \mathrm{d}t = i(0) + \dfrac{1}{L}\displaystyle\int_{0}^{t} u_L \mathrm{d}t$，$p = u_L i = Li\dfrac{\mathrm{d}i}{\mathrm{d}t}$。

（3）电容元件。电容电压和电流的关系为 $i = \dfrac{\mathrm{d}q}{\mathrm{d}t} = C\dfrac{\mathrm{d}u}{\mathrm{d}t}$，电容元件对直流来说相当于开路。电容上的功率为 $p = ui = Cu\dfrac{\mathrm{d}u}{\mathrm{d}t}$。

（4）电源。

1）理想电源。理想电压源的端电压总保持恒定值 U_s 或为某确定的时间函数 $u_s(t)$，而与流过它的电流无关。电流由外电路决定。内阻为零，如图 1.2 所示。理想电流源的输出电流总保持恒定值 I_s 或为某确定的时间函数 $i_s(t)$。电压由外电路决定。内阻为无穷大，如图 1.3 所示。

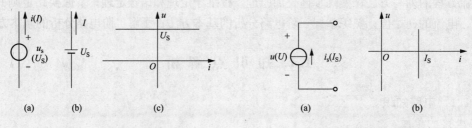

图 1.2　理想电压源　　　　　　　图 1.3　理想电流源

（a）、（b）图形符号；（c）伏安特征　　　（a）图形符号；（b）伏安特征

2）实际电源。一个实际电源可用一个理想电压源 U_s 与一个线性电阻 R_s 的串联模型或一个理想电流源 I_s 与一个线性电阻 R_s 的并联模型等效代替，如图 1.4 所示。

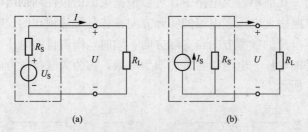

图 1.4　实际电源的电压源模型和电流源模型

（a）电压源模型；（b）电流源模型

3）受控电源。受控电源向电路提供的电压和电流，是受其他支路的电压或电流控制的。受控源可分为电压控制电压源、电压控制电流源、电流控制电压源和电流控制电流源四种类型。图 1.5 中 μ、γ、g、β 分别为四种受控源的参数。其中，VCVS 中，$\mu = \dfrac{u_2}{u_1}$ 称为电压放大倍数；CCVS 中，$\gamma = \dfrac{u_2}{i_1}$ 称为转移电阻；VCCS 中，$g = \dfrac{i_2}{u_1}$ 称为转移电导；CCCS

中，$\beta = \dfrac{i_2}{i_1}$ 称为电流放大倍数。

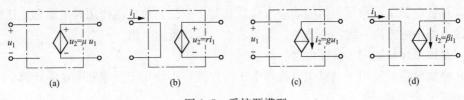

图 1.5　受控源模型

(a) VCVS；(b) CCVS；(c) VCCS；(d) CCCS

1.1.2　求解电路基本定理和方法

1. 基尔霍夫定律

（1）基尔霍夫电流定律（KCL）。由于电流的连续性，流入任意一个结点的电流之和必定等于流出该结点的电流之和。即 $\sum I = 0$。

（2）基尔霍夫电压定律（KVL）。由于电路中任意一点的瞬时电位具有单值性，所以在任意时刻，沿电路的任意一个闭合回路循行一周，回路中各部分电压的代数和等于零。即 $\sum U = 0$。

2. 支路电流法

支路电流法是以支路电流为未知变量、直接应用基尔霍夫定律列方程求解的方法。由代数学可知，求解 b 个未知变量必须用 b 个独立方程式联立求解。因此，对具有 b 条支路、n 个结点的电路，用支路电流法分析时，须根据 KCL 列出 $(n-1)$ 个独立的电流方程。根据 KVL 列出 $b-(n-1)$ 个独立的回路电压方程，最后解此 b 元方程组即可解得各支路电流。下面说明解题步骤：

（1）确定支路数，标出各支路电流的参考方向。

（2）确定独立结点数，根据 KCL 列出 $(n-1)$ 个独立的结点电流方程式。

（3）根据 KVL 列出 $b-(n-1)$ 个独立回路电压方程式。

（4）解联立方程式，求出各支路电流值。

3. 结点电压法

结点电压法是以独立结点电压为未知量，根据基尔霍夫电流定律和欧姆定律列写方程来求解各结点电压，从而求解电路方法。下面说明解题步骤：

（1）选择参考结点，定义该点的电位为 0。

（2）设各个结点与参考结点之间的电压为未知数。

（3）写出各个结点的自导，自导是指连接到结点的各支路的电导之和，自导恒正。

（4）写出任意两结点之间的互导，互导是指连接在任意两结点之间的公共电导之和，互导为负值。

（5）根据式：$G_{11}U_1 + G_{12}U_2 = I_{s11}$，$G_{21}U_1 + G_{22}U_2 = I_{s22}$ 列方程，I_{s11} 和 I_{s22} 是指连接到结点 1 和结点 2 上的各支路中的源电流之代数和（以流入结点为"＋"，流出结点为"－"）。

（6）联立方程式求解。

4. 叠加原理

叠加原理是解决许多工程问题的基础，也是分析线性电路的最基本的方法之一。在含有多个电源的线性电路中，任意一条支路的电流或电压等于电路中各个电源分别单独作用时在该支路中产生的电流或电压的代数和。应用叠加原理时，应注意以下几点：

（1）当某个电源单独作用于电路时，其他电源应"除源"。即对电压源来说，相当于"短路"；对电流源来说，相当于"开路"。

（2）对各电源单独作用产生的响应求代数和时，要注意单电源作用时电流和电压的方向是否和原电路中的方向一致。一致者，前为"＋"号，反之，取"－"号。

（3）叠加原理只适用于线性电路。

（4）叠加原理只适用于电路中电流和电压的计算，不能用于功率和能量的计算。

5. 等效电源定理

（1）戴维南定理。任意一个有源二端线性网络，可用一电压源模型等效代替，如图 1.6 所示。电压源的源电压 U_s 为有源二端线性网络的开路电压 U_{oc}，内阻 R_s 为有源二端网络除源后的等效电阻 R_o。

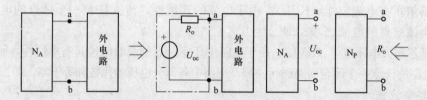

图 1.6　戴维南定理示意图

求有源二端网络的开路电压的方法：

1）用两种电源模型的等效变换将复杂的有源二端网络化简为一等效电源；

2）用所学过的任何一种电路分析方法求有源二端网络的开路电压 U_{oc}。

求戴维南等效电路中的 R_o 方法：

1）电阻串、并联法是利用电阻串、并联化简的方法；

2）加压求流法是将有源二端网络除源以后，在端口处外加一个电压 U，求其端口处的电流 I，则其端口处的等效电阻为 $R_o = \dfrac{U}{I}$；

3）开短路法是根据戴维南定理和诺顿定理，显然有 $R_o = \dfrac{U_{oc}}{I_{sc}}$。

（2）诺顿定理。任意一个有源二端线性网络，可用一电流源模型等效代替。电流源的源电流为有源二端线性网络的短路电流，内阻为有源二端网络除源后的等效电阻。

1.1.3　一阶电路的暂态分析

1. 电路暂态与一阶电路

电路从一个稳态变到另一个稳态的过程称为暂态。电路出现暂态的原因：具有储能元件（电感或电容）的电路在电源刚接通、断开或电路参数、结构改变时，电路不能立即达到稳态，需要经过一定的时间后才能达到稳态。

一阶电路为电路中只含一个独立储能元件，其微分方程为一阶微分方程。一阶电路有电阻电容（RC）一阶电路和电阻电感（RL）一阶电路。

2. 换路定理

在电路分析中，通常规定换路是瞬间完成的。为表述方便，设 $t=0$ 时进行换路，换路前瞬间用"0_-"表示，换路后瞬间用"0_+"表示，则换路定律可表述为：换路前后，电容电压不能突变，即 $u_C(0_+)=u_C(0_-)$；换路前后，电感电流不能突变，即 $i_L(0_+)=i_L(0_-)$。

3. 一阶线性电路的暂态分析的三要素法

三要素法具有方便、实用和物理概念清楚等优点，是求解一阶电路常用的方法。凡是含有一个储能元件或经等效简化后含有一个储能元件的线性电路，在进行暂态分析时，所列出的微分方程都是一阶微分方程。求解一阶微分方程只需要求出初始值、稳态值和时间常数这三个要素后，将其写成下列的一般形式：

$$f(t) = f(\infty) + [f(0_+) - f(\infty)]e^{-\frac{t}{\tau}}$$

这就是分析一阶电路瞬变过程的"三要素法"公式。实际应用时，所求物理量不同，公式中 f 所代表的含义就不同。式中的 $f(t)$ 为待求响应；$f(0_+)$ 为待求响应的初始值；$f(\infty)$ 为待求响应的稳态值；τ 为时间常数。

1.2 考 试 真 题 分 析

1.2.1 基本知识点真题

[1.1]（2017 专业基础试题）图 1.7 所示一端口电路中的等效电阻是：（ ）

A. $\frac{2}{3}\Omega$ B. $\frac{21}{13}\Omega$ C. $\frac{18}{11}\Omega$ D. $\frac{45}{28}\Omega$

答案：B

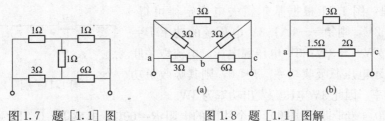

图 1.7 题 [1.1] 图   图 1.8 题 [1.1] 图解

解题过程：根据图 1.7 进行 Y—△转换绘制图 1.8（a），根据图 1.8（a）可得：
$R_{ab} = (3\Omega /\!/ 3\Omega) = 1.5\Omega$，$R_{bc} = (3\Omega /\!/ 6\Omega) = 2\Omega$；$R_{ac} = R_{ab} + R_{bc} = 1.5\Omega + 2\Omega = 3.5\Omega$。

根据该计算结果绘制图 1.8（b），根据图 1.8（b）可得等效电阻为：$R_{eq} = 3 /\!/ R_{ac} = \frac{21}{13}\Omega$。

[1.2]（2009，2010 专业基础试题）图 1.9 所示电路中的电压 u 为：（ ）

A. 49V   B. −49V   C. 29V   D. −29V

答案：A

解题过程：（2009）根据图 1.9 绘制图 1.10（a），根据图 1.10（a）可得：$R_{ab} = (10\Omega /\!/$

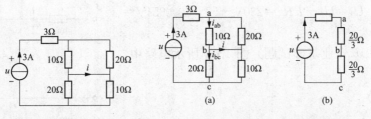

图 1.9 题[1.3]图   图 1.10 题[1.3]变换图电路

$20\Omega)=\dfrac{20}{3}\Omega$，$R_{bc}=(20\Omega /\!/ 10\Omega)=\dfrac{20}{3}\Omega$，根据该计算结果绘制图 1.10（b），根据电阻的伏安特性可知 $U=IR$，则 $u=3A\times\left(3+\dfrac{20}{3}+\dfrac{20}{3}\right)\Omega=49V$。

[1.3]（2013 公共基础试题）在直流稳态电路中，电阻、电感、电容元件上的电压与电流大小的比值分别是：（　　）

A. R, 0, 0　　　　B. 0, 0, ∞　　　　C. R, ∞, 0　　　　D. R, 0, ∞

答案：D

解题过程：根据理想电路元件的伏安特性可知电阻元件的电压、电流特性 $u(t)=Ri(t)$，直流电路稳态中 $R=\dfrac{U}{I}$；电感元件的电压、电流特性 $u(t)=L\dfrac{di(t)}{dt}$，直流电路稳态中，电压为零，则 $\dfrac{U}{I}=0$；电容元件的电压、电流特性 $i(t)=C\dfrac{du(t)}{dt}$，直流电路稳态中，电流为零，则 $\dfrac{U}{I}=\infty$。

[1.4]（2013 专业基础试题）图 1.11 所示电路中 $u=-2V$，则 3V 电压源发出的功率应为：（　　）

A. 10W　　　　B. 3W　　　　C. $-10W$　　　　D. $-3W$

答案：B

解题过程：图 1.11 根据基尔霍夫电压定律可得：$u=5I+3=-2V$，则 $I=-1A$；3V 电压源的功率 $P=UI=3\times(-1)W=-3W$；3V 电压源电压、电流取关联参考方向，表示电压源吸收功率。$P<0$，则其吸收负功率，发出正功率。因此 3V 电压源发出功率为 3W。

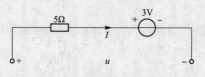

图 1.11　题 [1.4] 图

[1.5]（2014 专业基础试题）一个线圈的电阻 $R=60\Omega$，电感 $L=0.2H$，若通过 3A 的直流电流时，线圈的压降为：（　　）

A. 120V　　　　B. 150V　　　　C. 180V　　　　D. 240V

答案：C

解题过程：电感元件在直流作用时，相当于短路，因此线圈的电压降落 U 由电阻 R 的压降决定，则 $U=IR=3\times60V=180V$。

[1.6]（2014 专业基础试题）一直流发电机端电压 $U_1=380V$，线路上的电流 $I=50A$，输电线路每根导线的电阻 $R_0=0.0954\Omega$，则负载端电压 U_2 为：（　　）

A. 225.23A　　　　B. 220.46V　　　　C. 225V　　　　D. 220V

答案：B

解题过程：$U_2=U_1-I^2R_0=230V-50^2\times0.0954V=220.46V$

[1.7]（2016 专业基础试题）图 1.12 所示电路中，电流 I 为：（　　）

A. 985mA

B. 98.5mA

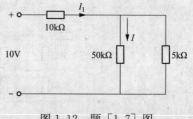

图 1.12　题 [1.7] 图

C. 9.85mA

D. 0.9854mA

答案：D

解题过程：根据图 1.12 可知，$I_1 = \dfrac{10}{10 \times 10^3 + (50 /\!/ 5 \times 10^3)} \text{A} = 9.95 \times 10^{-4} \text{A}$，$I = I_1 \times \dfrac{5 \times 10^3}{50 + 5 \times 10^3} \text{A} = 9.9852 \times 10^{-4} \text{A} = 0.9852 \text{mA}$。

1.2.2　基尔霍夫及支路电流法真题

[1.8]（2016 公共基础试题）用于求解图 1.13 所示电路的 4 个方程中，有一个错误方程，该方程为：

A. $I_1 R_1 + I_3 R_3 - U_{S1} = 0$

B. $I_2 R_2 + I_3 R_3 = 0$

C. $I_1 + I_2 - I_3 = 0$

D. $I_2 = -I_{S2}$

答案：B

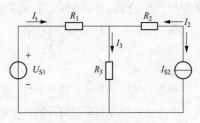

解题过程：根据电阻的伏安特性、KCL 和 KVL 可知：$U_{s1} = I_1 R_1 + I_3 R_3$；电流源的端电压有外电路决定，因此，$U_{I_{s2}} = I_2 R_2 + I_3 R_3$；$I_3 = I_1 + I_2$；$I_2 = -I_{s2}$。

图 1.13　题 [1.8] 图

[1.9]（2013 公共基础试题）图 1.14 所示电路消耗电功率 2W，则下列表达式中正确的是：（　　）

A. $(8+R) I^2 = 2$，$(8+R) I = 10$

B. $(8+R) I^2 = 2$，$-(8+R) I = 10$

C. $-(8+R) I^2 = 2$，$-(8+R) I = 10$

D. $-(8+R) I^2 = 2$，$(8+R) I = 10$

答案：B

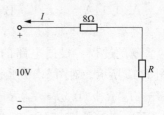

解题过程：根据有功功率可知，$2 = I^2 (8+R)$；根据图 1.14 所示方向和 KVL 可知：$10 = -(8+R) I$。

图 1.14　题 [1.9] 图

[1.10]（2017 专业基础试题）图 1.15 所示独立电流源发出的功率为：（　　）

A. 12W

B. 3W

C. 8W

D. −8W

答案：C

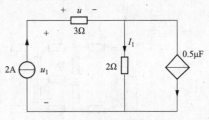

解题过程：根据题 1.15 解图和基尔霍夫电流定律可得：$I_1 = 2 - 0.5u = 2 - 0.5 \times (3 \times 2) = -1\text{A}$；

图 1.15　题 [1.10] 图

2A 独立电流源的电压 $u_1 = u + 2I_1 = 6 + 2 \times (-1) = 4\text{V}$；

2A 电流源的功率为 $P = -UI = 2u_1 = -(2 \times 4) = -8\text{W}$。2A 电流源电压、电流为非关联参考方向，表示电流源发出功率。$P < 0$，消耗负功率，实际发出功率。因此 2A 电流源发出功率为 8W。

[1.11]（2009 专业基础试题）图 1.16 所示的电路中，6V 电压源发出的功率为：（　　）

A. 2W　　　　　　B. 4W

C. 6W　　　　　　D. −6W

答案：C

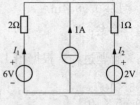

解题过程：如图 1.16 所示，根据基尔霍夫定律可得：

$$\begin{cases} I_1 + I_2 + 1\text{A} = 0 \\ 2I_1 - I_2 + 2\text{V} = 6\text{V} \end{cases} \Rightarrow \begin{cases} I_1 = 1\text{A} \\ I_2 = -2\text{A} \end{cases}$$

图 1.16　题 [1.11] 图

由图 1.16 可知，6V 电压源电压、电流取非关联参考方向，所以，6V 电压源的功率 $P = -UI_1 = -(6 \times 1)\text{W} = -6\text{W}$，因此，6V 电压源发出的功率为 6W。

[1.12]（2017 专业基础试题）如图 1.17 所示，用 KVL 至少列几个公式，可以解出 I 值为：（　　）

A. 1　　　　　　　B. 2

C. 3　　　　　　　D. 4

答案：A

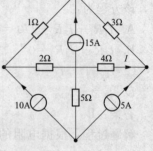

解题过程：根据电路基本定律进行求解，然后根据 KVL 列一个公式（KVL 回路不包含电流源），即可求出电流 I 值。

图 1.17　题 [1.12] 图

[1.13]（2013 专业基础试题）图 1.18 所示电路中 $U = 10\text{V}$，电阻均为 100Ω，则电路中的电流 I 应为：（　　）

A. 1/14A　　　　　B. 1/7A　　　　　C. 14A　　　　　D. 7A

答案：A

解题过程：根据电路的对称结构和基尔霍夫电流定律可得：各支路的电流分布如图 1.19 所示。对图 1.19 所示回路应用基尔霍夫电压定律和欧姆定律可得：$(0.5I - I_0)R + (I - 2I_0)R + (0.5I - I_0)R - I_0R = 0 \Rightarrow I_0 = 0.4I$；端口电压 $U = 0.5IR + I_0R + 0.5IR = 0.5IR + 0.4IR + 0.5IR = 1.4IR$；根据题意将 $U = 10\text{V}$，$R = 100\Omega$，代入可得 $10 = 140I \Rightarrow I = 1/14\text{A}$。

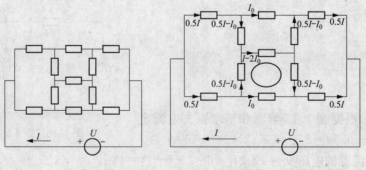

图 1.18　题 [1.13] 图　　　　图 1.19　题 [1.13] 求解电路

[1.14]（2013 专业基础试题）若图 1.20 所示电路中 $i_s = 1.2\text{A}$ 和 $g = 0.1\text{S}$，则电路中的电压 u 应为：（　　）

A. 3V

B. 6V

C. 9V

D. 12V

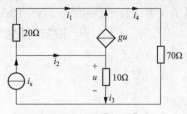

图 1.20　题 [1.14] 图

答案：C

解题过程：根据图 1.20 和基尔霍夫定律可得：

$$i_3 = \frac{u}{10} \tag{1}$$

$$i_2 = gu + i_3 \tag{2}$$

$$i_S = i_1 + i_2 \tag{3}$$

$$i_4 = i_1 + gu = i_S - i_3 \tag{4}$$

$$u = 20i_1 + 70i_4 \tag{5}$$

联立式 (1)～式 (5) 可得：$u = 20(i_S - gu - 0.1u) + 70(i_S - 0.1u)$ 　(6)

将 $i_S = 1.2$A 和 $g = 0.1$S 代入式 (6)，得 $u = 9$V

[1.15]（2012 专业基础试题）图 1.21 所示电路中，电阻 R 为：（　　）

A. 16Ω

B. 8Ω

C. 4Ω

D. 2Ω

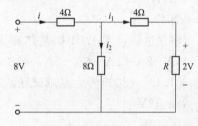

图 1.21　题 [1.15] 图

答案：C

解题过程：根据图 1.21 可得：
$$i_1 = \frac{2V}{R} \tag{1}$$

$$i = i_1 + i_2 \tag{2}$$

根据基尔霍夫电压定律可得：
$$8V = 4i + 4i_1 + 2V \tag{3}$$

$$8i_2 = 4i_1 + 2V \tag{4}$$

将式 (1) 和式 (2) 代入式 (3)、式 (4) 可得：

$$6 = 4i + \frac{8}{R} \tag{5}$$

$$8i = 2 + \frac{24}{R} \tag{6}$$

联立式 (5)、式 (6) 可得 $12 - \frac{16}{R} = 2 + \frac{24}{R} \Rightarrow R = 4$Ω。

[1.16]（2011 专业基础试题）图 1.22 所示电路中，测得 $U_{s1} = 10$V，电流 $I = 10$A。流过电阻 R 的电流 I_1 为：（　　）

A. 3A

B. −3A

C. 6A

D. −6A

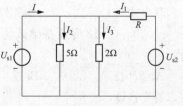

图 1.22　题 [1.16] 图

答案：B

解题过程：由图 1.22 可得：$I_2 = U_{s1}/5Ω = 2$A，$I_3 = U_{s1}/2Ω = 5$A；据基尔霍夫电流定律

得 $I_1=I_2+I_3-I=2A+5A-10A=-3A$。

[1.17]（2011 专业基础试题）图 1.23 所示电路中，电压 U 为：（　　）

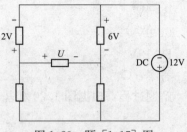

A. 8V

B. $-8V$

C. 10V

D. $-10V$

答案：A

图 1.23　题 [1.17] 图

解题过程：图 1.23 据基尔霍夫电压定律可得 $-2V+U-6V=0$，则 $U=8V$。

[1.18]（2011 专业基础试题）图 1.24 所示电路中，电流 I 为：（　　）

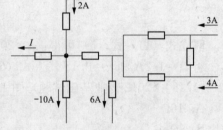

A. 13A

B. $-7A$

C. $-13A$

D. 7A

答案：A

图 1.24　题 [1.18] 图

解题过程：图 1.24 据基尔霍夫电流定律可得：

$I-10A-2A=3A+4A-6A$，则 $I=13A$。

[1.19]（2009 专业基础试题）如图 1.25 所示电路，电路中的电压 u 应为：（　　）

A. 18V

B. 12V

C. 9V

D. 8V

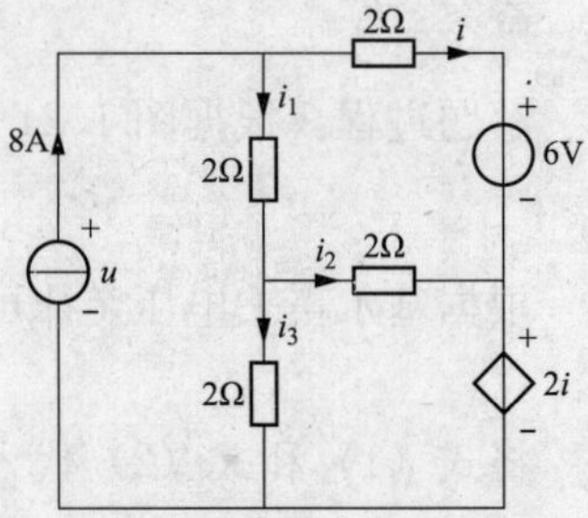

答案：A

解题过程：根据图 1.25 和基尔霍夫定律可得：

$$u=2i+6+2i=4i+6 \tag{1}$$

$$i_1=8-i \tag{2}$$

$$i_2=i_1-i_3=8-i-i_3 \tag{3}$$

$$2i_3=2i_2+2i=2(8-i-i_3)+2i \tag{4}$$

$$2i_1=2i+6-2i_2=2i+6-2(8-i-i_3) \tag{5}$$

图 1.25　题 [1.19] 图

联立式（1）~式（5），求得 $i_1=4A$，$i=3A$，$u=18V$

[1.20]（2012 专业基础试题）图 1.26 所示电路中，当 R 获得最大功率时，R 的大小应为：（　　）

A. 2.5Ω　　　　B. 7.5Ω　　　　C. 4Ω　　　　D. 5Ω

答案：D

解题过程：据图 1.27 以及基尔霍夫电流定律，列写各支路电流方程可得

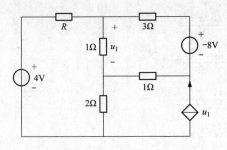
图 1.26　题 [1.20] 图

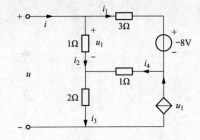
图 1.27　题 [1.20] 求解电路图

$$i_2 = u_1 \tag{1}$$
$$i_1 = i - i_2 \tag{2}$$
$$i_4 = i_1 + u_1 \tag{3}$$
$$i_3 = i_2 + i_4 \tag{4}$$

根据以上四式可得：

$$i_1 = i - u_1 \tag{5}$$
$$i_4 = i \tag{6}$$
$$i_3 = i + u_1 \tag{7}$$

根据基尔霍夫电压定律可知：

$$u = u_1 + 2i_3 = u_1 + 2(i + u_1) = 3u_1 + 2i \tag{8}$$

$$u_1 = 3i_1 - 8 + i_4 \times 1 = 3(i - u_1) - 8 + i \times 1 = 4i - 8 - 3u_1 \Rightarrow u_1 = i - 2 \tag{9}$$

将式 (9) 代入式 (8) 可得 $u = (5i - 6)$V，则等效电阻 $R_{eq} = 5\Omega$；当 $R = R_{eq} = 5\Omega$ 时，负载 R 获得最大功率。

1.2.3　节点电压法真题

[1.21]（2014 公共基础试题）图 1.28 所示电路中，$I_1 = -4$A，$I_2 = -3$A，则 I_3 等于：（　　）

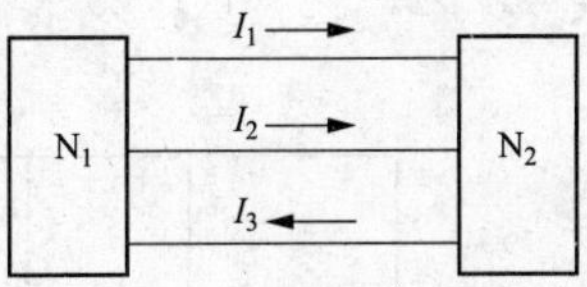

A. -1A　　　　　B. 7A

C. -7A　　　　　D. 1A

答案：C

解题过程：将 N_2 看成一个广义结点，根据 KCL 可得：

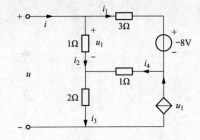

图 1.28　题 [1.21] 图

$I_3 = I_1 + I_2 = (-4)$A$+(-3)$A$= -7$A。

[1.22]（2013 专业基础试题）若图 1.29 所示电路中的电压值为该点的节点电压，则电路中的电流 I 应为：（　　）

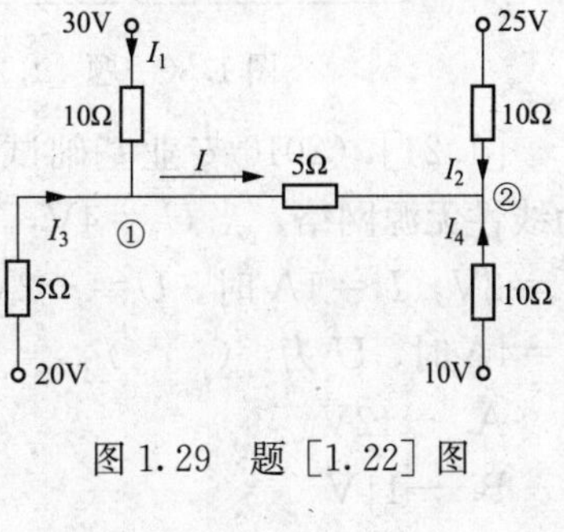

A. -2A

B. 2A

C. 0.8750A

D. 0.4375A

答案：D

解题过程：节点①、②电压分别为 U_1、U_2，则根据

图 1.29　题 [1.22] 图

图 1.29 可得：

$$I_1 = \frac{30 - U_1}{10} \tag{1}$$

$$I_2 = \frac{25 - U_2}{10} \tag{2}$$

$$I_3 = \frac{20 - U_1}{5} \tag{3}$$

$$I_4 = \frac{10 - U_2}{10} \tag{4}$$

$$I = \frac{U_1 - U_2}{5} \tag{5}$$

根据基尔霍夫电流定律可得：

$$I = I_1 + I_3 \tag{6}$$

$$I = -(I_2 + I_4) \tag{7}$$

联立式（1）、式（3）、式（5）和式（6）求得　$7 = 0.5U_1 - 0.2U_2$ 　（8）

联立式（2）、式（4）、式（5）式（7）求得　$3.5 = -0.2U_1 + 0.4U_2$ 　（9）

联立式（8）、式（9）可得 $U_1 = 21.875A$，$U_2 = 19.6875A$

根据式（5）可得 $I = \dfrac{U_1 - U_2}{5} = \dfrac{21.875 - 19.6875}{5}A = 0.4375A$。

1.2.4　叠加原理真题

[1.23]（2017 公共基础试题）已知电路如图 1.30 所示，电路中的电阻阻值均为 R。其中，响应电流 I 在电流源单独作用时的分量：（　　）

A. 因电阻 R 未知，而无法求出　　　　　　B. 3A

C. 2A　　　　　　　　　　　　　　　　　D. －2A

答案：D

解题过程：根据叠加原理，当电流源单独作用时的等效电路如图 1.31 所示，$I = -6 \times \dfrac{R}{3R} = -2A$。

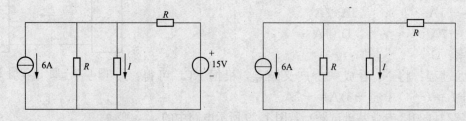

图 1.30　题 [1.23] 图　　　　　　　图 1.31　题 [1.23] 求解电路图

[1.24]（2016 专业基础试题）图 1.32 所示电路为线性无源网络，当 $U_s = 4V$，$I_s = 0$ 时，$U = 3V$；当 $U_s = 2V$，$I_s = 1A$ 时，$U = -2V$；那么，当 $U_s = 4V$，$I_s = 4A$ 时，U 为：（　　）

A. －12V

B. －11V

C. 11V

D. 12V

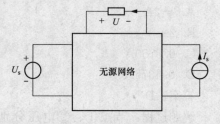

图 1.32　题 [1.24] 图

答案：B

解题过程：据图 1.32 以及叠加定理可得：$U = k_1 U_s + k_2 I_s$，将 $U_s = 4$V，$I_s = 0$ 时，$U = 3$V；$U_s = 2$V，$I_s = 1$A 时，$U = -2$V，分别代入上式，则：

$$\begin{cases} 3 = 4k_1 \\ -2 = 2k_1 + k_2 \end{cases} \Rightarrow \begin{cases} k_1 = 0.75 \\ k_2 = -3.5 \end{cases}$$

当 $U_s = 4$V，$I_s = 4$A 时，$U = k_1 U_s + k_2 I_s = 0.75 \times 4 - 3.5 \times 4 = -11$V。

1.2.5　等效电源定理真题

[1.25]（2013 公共基础试题）图 1.33 所示电路中，a-b 端的开路电压 $U_{ab,k}$ 为：（　　）

$\left($ 注：$R_2 // R_L = \dfrac{R_2 R_L}{R_2 + R_L} \right)$

A. 0

B. $\dfrac{R_1}{R_1 + R_2} U_S$

C. $\dfrac{R_2}{R_1 + R_2} U_S$

D. $\dfrac{R_2 // R_L}{R_1 + R_2 // R_L} U_S$

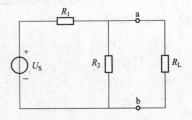

图 1.33　题 [1.25] 图

解题过程：a-b 端的开路电压 $U_{ab,k}$ 为 R_2 上的电压值，则 $U_{ab,k} = \dfrac{R_2}{R_1 + R_2} U_S$。

[1.26]（2012 公共基础试题）图 1.34 所示电路中，U_S 为独立电压源，若外电路不变，仅电阻 R 变化时，将会引起外下述哪种变化？

A. 端电压 U 的变化

B. 输出电流 I 的变化

C. 电阻 R 支路电流的变化

D. 上述三者同时变化

答案：C

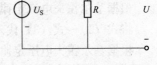

图 1.34　题 [1.26] 图

解题过程：根据题意可知，外电路不变，因此 U、I 不变，只有 R 支路的电流改变。

[1.27]（2012 公共基础试题）图 1.35 所示电路中有电流 I 时，可将图 a 等效为图 b，其中等效电压源电动势 E_S 和等效电源内阻 R_S 分别为：（　　）

A. -1V，5.143Ω

B. 1V，5Ω

C. -1V，5Ω

D. 1V，5.143Ω

答案：B

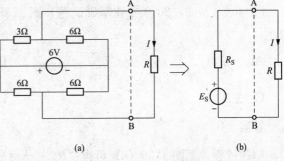

图 1.35　题 [1.27] 图

解题过程：根据戴维南定理可知，AB 间开路电压为 $U_{AB} = E_S = \dfrac{6}{3+6} \times 6 - \dfrac{6}{6+6} \times 6 =$

1V，将 6V 电压源短路求 AB 间的等效电阻为：$R_S = (3//6) + (6//6) = \dfrac{3 \times 6}{3+6} + \dfrac{6 \times 6}{6+6} = 5\Omega$。

[1.28]（2010公共基础试题）图 1.36 所示电路中，电流源的端电压 U 等于：（   ）

1. 20V
2. 10V
3. 5V
4. 0V

答案 A

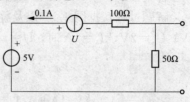

图 1.36   题 [1.28] 图

解题过程：电流源的端电压 U，由外接电阻和电压源决定。$U=5-(-0.1)\times100-(-0.1)\times50=5+10+5=20\mathrm{V}$。

[1.29]（2012专业基础试题）求图 1.37 所示电路的输入电阻 R_{in} 为：（   ）

   A. -11Ω

   B. 11Ω

   C. -12Ω

   D. 12Ω

答案：A

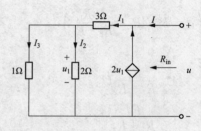

图 1.37   题 [1.29] 图

解题过程：据图 1.37 可得：

$$I_1 = I + 2u_1 \tag{1}$$

$$I_2 = \frac{u_1}{2} \tag{2}$$

$$I_3 = \frac{u_1}{1} = u_1 \tag{3}$$

根据基尔霍夫电流定律可知： $I_1 = I_2 + I_3 \tag{4}$

将式（1）～式（3）代入式（4）得： $u_1 = -2I \tag{5}$

根据基尔霍夫电压定律可得： $u = 3I_1 + u_1 \tag{6}$

将式（1）代入式（6）得： $u = 3I + 7u_1 = -11I \tag{7}$

根据式（7）可得输入电阻为：$R_{\mathrm{in}} = \dfrac{u}{I} = \dfrac{-11I}{I} = -11\Omega$。

[1.30]（2009，2010专业基础试题）图 1.38 所示电路中，若 $u=0.5\mathrm{V}$，$i=1\mathrm{A}$，则 R 为：（   ）

   A. $-\dfrac{1}{3}\Omega$ B. $\dfrac{1}{3}\Omega$

   C. $\dfrac{1}{2}\Omega$ D. $-\dfrac{1}{2}\Omega$

答案：B

解题过程：据图 1.39（a）可得：$R_{\mathrm{eq}} = \dfrac{u}{i} = \dfrac{0.5\mathrm{V}}{1\mathrm{A}} = 0.5\Omega \tag{1}$

求等效电阻：将图 1.39（a）中的 2V 电压源短路，电路如图 1.39（b）所示。根据图 1.39（b）可得：$R_{\mathrm{eq}} = (R /\!/ R) + R = 1.5\Omega \tag{2}$

根据式（1）、式（2）可求得 $R = \dfrac{1}{3}\Omega$。

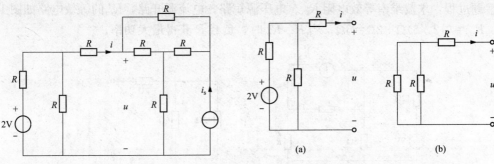

图 1.38 题 [1.30] 图   图 1.39 题 [1.30] 求解电路图

[1.31]（2014 专业基础试题）图 1.40 所示电路中，通过 1Ω 电阻上的电流 i 为：（   ）

A. $-\frac{5}{29}$A   B. $\frac{2}{29}$A   C. $-\frac{5}{29}$A   D. $\frac{5}{29}$A

答案：D

解题过程：根据图 1.41（a）假设 $R_1=2\Omega$，$R_2=3\Omega$，$R_3=5\Omega$，$R_4=4\Omega$，$R=1\Omega$。将 $R=1\Omega$ 支路断开进行等效电路化简，则：

$$u_a = U\frac{R_3}{R_1+R_3} = 5\times\frac{5}{2+5} = \frac{25}{7}\text{V}$$

$$u_b = U\frac{R_4}{R_2+R_4} = 5\times\frac{4}{3+4} = \frac{20}{7}\text{V}$$

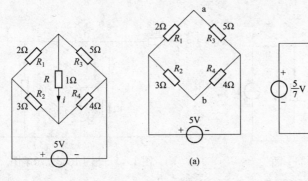

图 1.40 题 [1.31] 图   图 1.41 题 [1.31] 戴维南等效电路图

ab 两端开路电压：$u_{ab}=u_a-u_b=\frac{5}{7}$V；从 ab 两端看，接入的等效电阻 $R_{eq}=(R_1/\!/R_3)+$

$(R_2/\!/R_4)=\frac{22}{7}\Omega$；戴维南等效电路如图 1.41（b）所示，则电阻 R 上流过的电流

$$i = \frac{u_{ab}}{R_{eq}+R} = \frac{\frac{5}{7}}{\frac{22}{7}+1} = \frac{5}{29}\text{A}$$

[1.32]（2016，2011 专业基础试题）图 1.42 所示电路中的电阻 R 值可变，当它获得最大功率时，R 的值为：（   ）

A. 2Ω   B. 4Ω   C. 6Ω   D. 8Ω

答案：C

解题过程：求戴维南等效电阻 R_{eq}。电压源短路，电流源开路，R_{eq} 的等效电路如图 1.43 所示。$R_{eq} = (12//6)\Omega + 2\Omega = 6\Omega$；当 $R = R_{eq}$ 时，负载 R 获得最大功率。

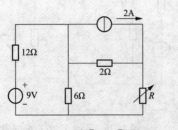
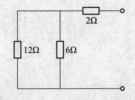

图 1.42 题 [1.32] 图   图 1.43 题 [1.32] 等效电阻

[1.33]（2013 专业基础试题）在图 1.44 所示电路中，当 R 获得最大功率时，R 的大小应为：（ ）

A. 7.5Ω B. 4.5Ω C. 5.2Ω D. 5.5Ω

答案：D

解题过程：根据图 1.45 可得：

$$U = 3I + 5i_1 + 20V \tag{1}$$
$$i_1 = I + i_2 \tag{2}$$
$$i_2 = 2A - i \tag{3}$$
$$U = 3I - 5i + 10i \tag{4}$$

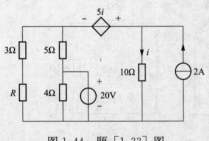
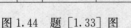
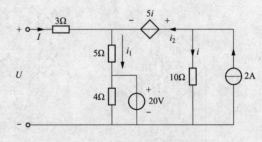

图 1.44 题 [1.33] 图   图 1.45 题 [1.33] 示解图

联立式（1）～式（4）可得 $U = 5.5I + 15V$；则等效电阻 $R_{eq} = 5.5\Omega$，$U_{oc} = 15V$，当 $R = R_{eq}$ 时，负载 R 获得最大功率。

1.2.6 一阶电路的暂态分析真题

[1.34]（2009 公共基础试题）图 1.46 所示电路中，$U_S = 10V$，$i = 1mA$，则：（ ）

A. 因为 $i_2 = 0$，使电流 $i_1 = 1mA$

B. 因为参数 C 未知，无法求出电流 i

C. 虽然电流 i_2 未知，但是 $i > i_1$ 成立

D. 电容存储的能量为 0

答案：A

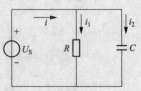

图 1.46 题 [1.34] 图

解题过程：直流稳态电路中电容相当于断路，则 $i_2 = 0$，因此有 $i = i_1 = 1mA$。

[1.35]（2017 专业基础试题）已知电路如图 1.47 所示，设开关在 $t = 0$ 刻断开，那么：

（　　）

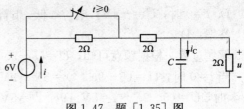

图 1.47　题 [1.35] 图

A. 电流 i_C 从 0 逐渐增长，再逐渐衰减为 0

B. 电压从 3V 逐渐衰减到 2V

C. 电压从 2V 逐渐增长到 3V

D. 时间常数 $\tau = 4C$

答案：B

解题过程：根据题意可知电路中电流 $i = \dfrac{6V}{2\Omega + 2\Omega} = 1.5A$，$U = 3V$，$i_C = 0A$，在 $t = 0$ 时刻开关断开，这时电路中的电流 $i = \dfrac{6V}{2\Omega + 2\Omega + 2\Omega} = 1A$，$U = 2V$。

[1.36]（2014 专业基础试题）已知电路如图 1.48 所示，设开关在 $t = 0$ 时刻断开，那么如下表述中正确的是：（　　）

A. 电路的左右两侧均进入暂态过程

B. 电路 i_1 立即等于 i_s，电流 i_2 立即等于 0

C. 电路 i_2 由 $\dfrac{1}{2} i_s$ 逐步衰减到 0

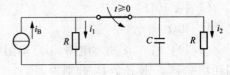

图 1.48　题 [1.36] 图

D. 在 $t = 0$ 时刻，电流 i_2 发生了突变

答案：C

解题过程：根据题意可知，开关断开后，图 1.48 左边电路中电流 i_1 立即等于电流源 i_s，图 1.48 右边电流进入暂态，电流 i_2 不能突变，等于电流 $\dfrac{1}{2} i_s$，然后开始通过电容放电，直至为 0。

[1.37]（2012 专业基础试题）电路如图 1.49 所示，电容初始电压为零，开关在 $t = 0$ 时闭合，则 $t > 0$ 时，$u(t)$ 等于：（　　）

A. $(1 - e^{-0.5t})V$

B. $(1 + e^{-0.5t})V$

C. $(1 - e^{-2t})V$

D. $(1 + e^{-2t})V$

答案：C

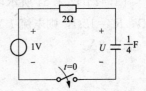

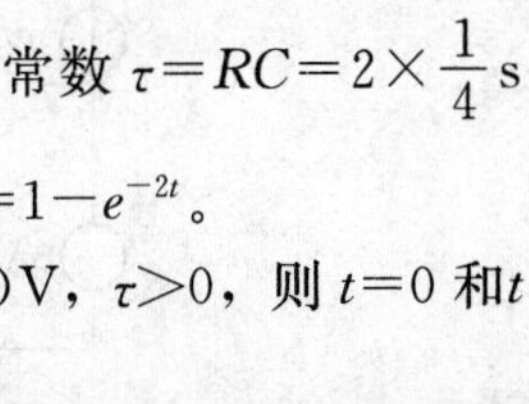

图 1.49　题 [1.37] 图

解题过程：电容电压不突变，根据题意可知电容的初始电压 $u(0_-) = u(0_+) = 0$，电容电压的稳态值 $u(\infty) = 1V$，电路的时间常数 $\tau = RC = 2 \times \dfrac{1}{4}s = 0.5s$，因此根据三要素法可得：$u(t) = u(\infty) + [u(0_+) - u(\infty)] e^{\frac{t}{\tau}} = 1 - e^{-2t}$。

[1.38]（2011 专业基础试题）图 1.50 所示电路 $U = (5 - 9e^{-t/\tau})V$，$\tau > 0$，则 $t = 0$ 和 ∞ 时，电压 U 的真实方向为：（　　）

A. $t = 0$ 时，$U = 4V$，电位 a 高，b 低；$t = \infty$ 时，$U = 5V$，电位 a 高，b 低

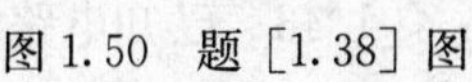

B. $t = 0$ 时，$U = -4V$，电位 a 高，b 低；$t = \infty$ 时，$U = 5V$，电位 a 高，b 低

C. $t = 0$ 时，$U = 4V$，电位 a 低，b 高；$t = \infty$ 时，$U = 5V$，电位 a 高，b 低

图 1.50　题 [1.38] 图

D. $t=0$ 时，$U=-4$V，电位 a 低，b 高；$t=\infty$ 时，$U=5$V，电位 a 高，b 低

答案：D

解题过程：根据题意可知，$U=(5-9\mathrm{e}^{-t/\tau})$V

当 $t=0$ 时，$U=(5-9\mathrm{e}^{-t/\tau})=5\mathrm{V}-9\mathrm{V}=-4\mathrm{V}$，则电位 a 点电位低，b 点电位高；当 $t=\infty$ 时，$U=(5-9\mathrm{e}^{-t/\tau})=5\mathrm{V}-9\mathrm{e}^{-\infty}\mathrm{V}=5\mathrm{V}$，则电位 a 点电位高，b 点电位低。

1.3　考试模拟练习题

[1.39] 图 1.51 所示电路中 ab 间的等效电阻与电阻 R_L 相等，则 R_L 应为：（　　）

A. 20Ω

B. 15Ω

C. $2\sqrt{10}\Omega$

D. 10Ω

[1.40] 图 1.52 所示电路，1Ω 电阻消耗功率 P_1，3Ω 电阻消耗功率 P_2，则 P_1、P_2 分别为：（　　）

A. $P_1=-4$W，$P_2=3$W

B. $P_1=4$W，$P_2=3$W

C. $P_1=-4$W，$P_2=-3$W

D. $P_1=4$W，$P_2=-3$W

[1.41] 图 1.53 所示电路中，电流 I 为：（　　）

A. 2.25A　　　　　B. 2A

C. 1A　　　　　　D. 0.75A

[1.42] 图 1.54 所示电路中，已知 $U_\mathrm{S}=15$V，$R_1=15\Omega$，$R_2=30\Omega$，$R_3=20\Omega$，$R_4=8\Omega$，$R_5=12\Omega$，则电流 I 为：（　　）

A. 2A　　　　　B. 1.5A　　　　　C. 1A　　　　　D. 0.5A

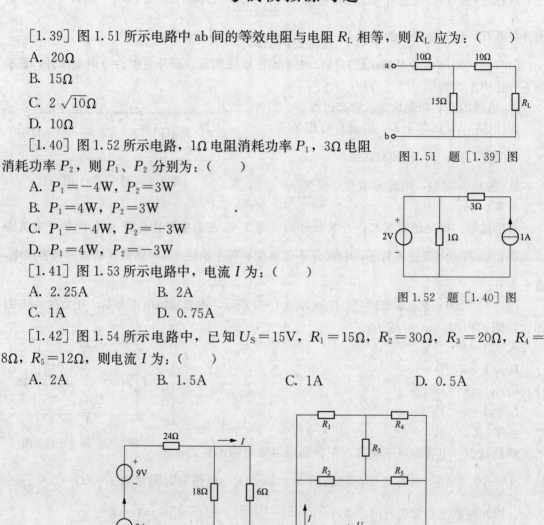

图 1.51　题 [1.39] 图

图 1.52　题 [1.40] 图

图 1.53　题 [1.41] 图　　　图 1.54　题 [1.42] 图

[1.43] 已知电路如图 1.55 所示，其中电流 I 等于：（　　）

A. 0.1A　　　　　B. 0.2A　　　　　C. -0.1A　　　　　D. -0.2A

[1.44] 图 1.56 所示电路中，电流 I_1 和电流 I_2 分别为：（　　）

A. 2.5A 和 1.5A　　　　　　　　　　B. 1A 和 0A

C. 2.5A 和 0A　　　　　　　　　　D. 1A 和 1.5A

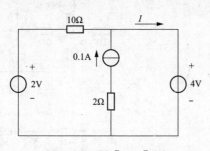
　　图 1.55　题 [1.43] 图

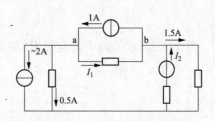
　　图 1.56　题 [1.44] 图

[1.45] 图 1.57 所示的电路中，1A 电流源发出的功率为：（　　）

A. 6W

B. −2W

C. 2W

D. −6W

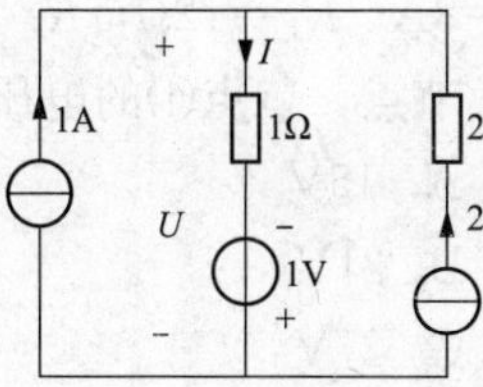

[1.46] 图 1.58 所示电路中，电流 I 为：（　　）

A. 2A

B. 1A

C. −1A

D. −2A

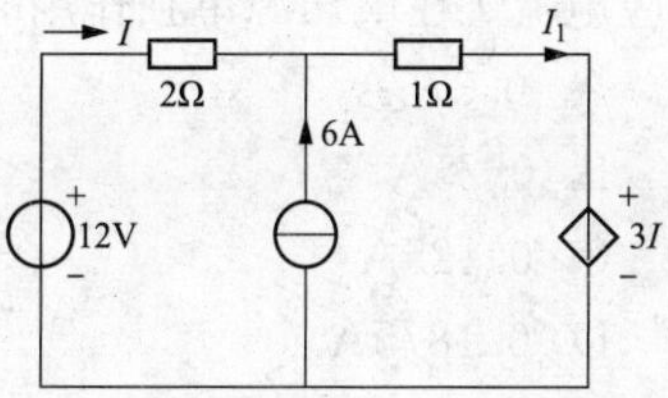

　　图 1.57　题 [1.45] 图

[1.47] 图 1.59 所示电路中 A 点的电压 u_A 为：（　　）

A. 0V

B. $\dfrac{100}{3}$V

C. 50V

D. 75V

　　图 1.58　题 [1.46] 图

　　[1.48] 图 1.60 所示电路中，已知 $R_1=10\Omega$，$R_2=2\Omega$，$U_{s1}=10$V，$U_{s2}=6$V。电阻 R_2 两端的电压 U 为：（　　）

A. 4V　　　　　　B. 2V　　　　　　C. −4V　　　　　　D. −2V

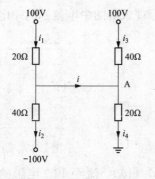

　　图 1.59　题 [1.47] 图

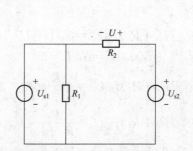
　　图 1.60　题 [1.48] 图

[1.49] 图 1.61 所示直流电路中的 I_a 为：（　　）

A. 1A

B. 2A

C. 3A

D. 4A

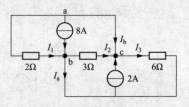

图 1.61 题 [1.49] 图

[1.50] 图 1.62 所示电路中，电阻 R_L 应为：（ ）

A. 18Ω

B. 13.5Ω

C. 9Ω

D. 6Ω

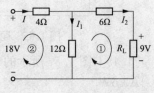

图 1.62 题 [1.50] 图

[1.51] 图 1.63 所示电路中，已知 $U_s=12V$，$I_{s1}=2A$，$I_{s2}=8A$，$R_1=12Ω$，$R_2=6Ω$，$R_3=8Ω$，$R_4=4Ω$。取节点③为参考节点，节点①的电压 U_{n1} 为：（ ）

A. 15V

B. 21V

C. 27V

D. 33V

[1.52] 已知电路如图 1.64（a）所示，其中，响应电流 I 在电压源单独作用时的分量为：（ ）

A. 0.375A

B. 0.25A

C. 0.125A

D. 0.1875A

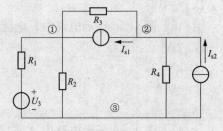

图 1.63 题 [1.51] 图

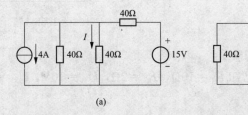

图 1.64 题 [1.52] 图

[1.53] 已知电路如图 1.65 所示，若使用叠加原理求解图中电流源的端电压 U，正确的方法是：（ ）

A. $U'=(R_2/\!/R_3+R_1)I_S$，$U''=0$，$U=U'$

B. $U'=(R_2/\!/+R_1)I_S$，$U''=0$，$U=U'$

C. $U'=(R_2/\!/R_3+R_1)I_S$，$U''=\dfrac{R_2}{R_2+R_3}U_S$，$U=U'-U''$

D. $U'=(R_2/\!/R_3+R_1)I_S$，$U''=\dfrac{R_2}{R_2+R_3}U_S$，$U=U'+U''$

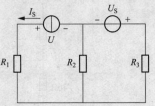

图 1.65 题 [1.53] 图

[1.54] 图 1.66 所示两电路相互等效，由图（b）可知，流经 10Ω 电阻的电流 $I_R=1A$，由此可求得流经图（a）电路中 10Ω 电阻的电流 I 等于：（ ）

A. 1A   B. −1A   C. −3A   D. 3A

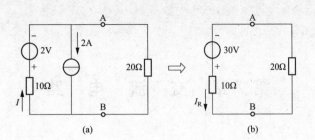

图 1.66　题［1.54］图

［1.55］图 1.67 所示电路的等效电压源是：（　　）

A. 6V

B. 12V

C. 9V

D. 15V

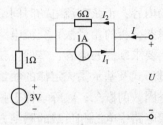

图 1.67　题［1.55］图

［1.56］图 1.68 所示电路的戴维南等效电路参数 u_s 应为：（　　）

A. 35V

B. 15V

C. 3V

D. 9V

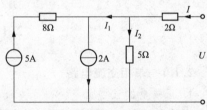

图 1.68　题［1.56］图

［1.57］图 1.69 所示电路中 $u_C(0_-)=0$，在 $t=0$ 时闭合开关 S 后，$t=0_+$ 时 $du_C(t)/dt$ 为：（　　）

A. 0

B. U_S/R

C. U_S/RC

D. U_S/C

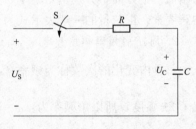

图 1.69　题［1.57］图

［1.58］如图 1.70 所示电路中，开关 S 在 $t=0$ 时刻打开，此后，电流 i 的初始值和稳态值分别为：（　　）

A. $\dfrac{U_S}{R_2}$ 和 0

B. $\dfrac{U_S}{R_1+R_2}$ 和 0

C. $\dfrac{U_S}{R_1}$ 和 $\dfrac{U_S}{R_1+R_2}$

D. $\dfrac{U_S}{R_1+R_2}$ 和 $\dfrac{U_S}{R_1+R_2}$

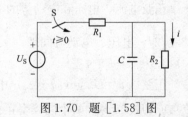

图 1.70　题［1.58］图

1.3 考试模拟练习题参考答案

第2章 交 流 电 路

本章主要介绍了单相交流电路、三相交流电路、安全用电。公共基础考试大纲要求掌握的内容：正弦交流电的时间函数描述；阻抗；正弦交流电的相量描述；复数阻抗；交流电路稳态分析的相量法；交流电路功率；功率因数；三相配电电路及用电安全。专业基础考试大纲要求掌握的内容：掌握正弦量的三要素和有效值；掌握电感、电容元件电流电压关系的相量形式及基尔霍夫定律的相量形式；掌握阻抗、导纳、有功功率、无功功率、视在功率和功率因数的概念；熟练掌握正弦电流电路分析的相量方法；了解频率特性的概念；熟练掌握三相电路中电源和负载的联结方式及相电压、相电流、线电压、线电流、三相功率的概念和关系；熟练掌握对称三相电路分析的相量方法；掌握不对称三相电路的概念。

2.1 知 识 点 解 析

2.1.1 单相交流电路

1. 正弦量的三要素

正弦电压和电流等物理量，常统称为正弦量。正弦量的特征表现在变化的快慢、大小及初始值三个方面，分别由角频率 ω、幅值 U_m 或 I_m 和初相位 φ_0 来确定，因此被称为正弦量的三要素。正弦量的一般表示式为：$u=U_m\sin(\omega t+\varphi_0)$ 或 $i=I_m\sin(\omega t+\varphi_0)$。

2. 周期、频率和角频率

每秒内变化的次数称为频率 f，频率是周期的倒数，即 $f=\dfrac{1}{T}$。在一个周期 T 内相角变化了 2π 弧度，所以角频率为：$\omega=\dfrac{2\pi}{T}=2\pi f$。

3. 有效值

正弦电流、电压和电动势的大小常用有效值（均方根值）来计量。$I=\sqrt{\dfrac{1}{T}\displaystyle\int_0^T i^2\,dt}$，即 $I_m=\sqrt{2}I$，电压、电动势同理。

4. 相位与相位差

正弦量 $u=U_m\sin(\omega t+\varphi_0)$ 中 $\omega t+\varphi_0$ 称为正弦量的相位；当 $t=0$ 时的相位角称为初相位角或初相位 φ_0；两个同频率正弦量的相位角之差或初相位角之差，称为相位角差或相位差。相位差与时间 t 无关，若 $\Delta\varphi=\varphi_1-\varphi_2>0$，则称相位超前；若 $\Delta\varphi=\varphi_1-\varphi_2<0$，相位滞后。若 $\Delta\varphi=\varphi_1-\varphi_2=0$，称同相。若 $\Delta\varphi=\varphi_1-\varphi_3=180°$，则称反相。

5. 正弦量的相量表示

正弦表达式难于进行加、减、乘、除等运算，需要一种形式辅助计算，即相量表示法。相量表示法的基础是复数，用复数的模表示正弦量的幅值，幅角表示正弦量的初相位，即：

$A=r\angle\varphi$。则表示正弦电压 $u=U_{\mathrm{m}}\sin(\omega t+\varphi)$ 的相量为 $\dot{U}_{\mathrm{m}}=U_{\mathrm{m}}(\cos\varphi+\mathrm{j}\sin\varphi)=U_{\mathrm{m}}\angle\varphi$ 或 $\dot{U}=U(\cos\varphi+\mathrm{j}\sin\varphi)=U\angle\varphi$，电流同理。

6. 电阻、电感、电容元件电压电流的相量关系

（1）电阻元件电压电流的相量关系。

$\dot{U}_{\mathrm{m}}=\dot{I}_{\mathrm{m}}R$ 或 $\dot{U}=\dot{I}R$，ω 相同，φ 角相同。

（2）电感元件电压电流的相量关系。

$\dot{U}_{\mathrm{m}}=\mathrm{j}\omega L\dot{I}_{\mathrm{m}}$，$\omega$ 相同，$\varphi_{\mathrm{u}}=\varphi_{\mathrm{i}}+\dfrac{\pi}{2}$。

（3）电容元件电压电流的相量关系。

$\dot{U}_{\mathrm{m}}=-\mathrm{j}X_{\mathrm{C}}\dot{I}_{\mathrm{m}}=-\mathrm{j}\dfrac{\dot{I}_{\mathrm{m}}}{\omega C}$ 或 $\dot{U}=-\mathrm{j}X_{\mathrm{C}}\dot{I}=\dfrac{\dot{I}}{\mathrm{j}\omega C}=-\mathrm{j}\dfrac{\dot{I}}{\omega C}$，$\omega$ 相同，$\varphi_{\mathrm{u}}=\varphi_{\mathrm{i}}-\dfrac{\pi}{2}$。

7. 复阻抗

复阻抗：$Z=R+\mathrm{j}X=|Z|\angle\varphi$，$|Z|=\sqrt{R^2+X^2}$，$\varphi=\arctan\dfrac{X}{R}$，其中 R 为电阻，X 为电抗，$Z=\dfrac{\dot{U}}{\dot{I}}=\dfrac{U\angle\varphi_{\mathrm{u}}}{I\angle\varphi_{\mathrm{i}}}=\dfrac{U}{I}\angle(\varphi_{\mathrm{u}}-\varphi_{\mathrm{i}})=|Z|\angle\varphi$。

8. 谐振电路

在具有电感和电容元件的电路中，调节电路的参数或电源的频率而使电路中的电压与电流相同，电路就发生谐振现象，谐振可分为串联谐振和并联谐振。

（1）串联谐振。串联谐振具有以下特征：

1）电路的阻抗模 $|Z|=\sqrt{R^2+(X_{\mathrm{L}}-X_{\mathrm{C}})^2}=R$，其值最小。在电源电压 U 不变的情况下，电路中的电流将在谐振时达到最大值，即 $I=I_0=\dfrac{U}{R}$。

2）$\varphi=0$，电路对电源呈现电阻性。电源的能量全被电阻所消耗，电源与电路之间不发生能量的互换。能量的互换只发生在电感和电容之间。

3）$X_{\mathrm{L}}=X_{\mathrm{C}}$，$U_{\mathrm{L}}=U_{\mathrm{C}}$。而 $\dot{U}_{\mathrm{L}}$ 和 $\dot{U}_{\mathrm{C}}$ 在相位上相反，互相抵消。串联谐振也称为电压谐振。U_{L} 和 U_{C} 与电源电压 U 的比值通常称为电路的品质因数，$Q=\dfrac{U_{\mathrm{C}}}{U}=\dfrac{U_{\mathrm{L}}}{U}=\dfrac{1}{\omega_0 CR}=\dfrac{\omega_0 L}{R}$。

表示在谐振时电容和电感元件上的电压是电源电压的 Q 倍。

4）当谐振曲线比较尖锐时，稍有偏离谐振频率 f_0，信号就大大减弱。通频带宽度规定为在电流 I 等于最大值 I_0 的 70.7% $\left(\text{即}\dfrac{1}{\sqrt{2}}\right)$ 处频率的上下限之间的宽度。即 $\Delta f=f_2-f_1$。通频带宽度越小，表明谐振曲线越尖锐，电路的频率选择性越强。对于谐振曲线，Q 值越大，曲线越尖锐，则电路的频率选择性也越强。

（2）并联谐振。并联谐振具有下列特征：

1）谐振时电路的阻抗模为：$|Z_0|=\dfrac{1}{\dfrac{RC}{L}}=\dfrac{L}{RC}$，其值最大，在电源电压 U 一定的情况下，电路中的电流 I 将在谐振时达到最小值，$I=I_0=\dfrac{U}{\dfrac{L}{RC}}=\dfrac{U}{|Z_0|}$。

2）$\varphi = 0$，电路对电源呈现电阻性。

3）谐振时并联支路的电流近于相等，比总电流大许多倍。因此，并联谐振也称为电流谐振。I_c 或 I_1 与总电流 I_0 的比值为电路的品质因数，$Q = \dfrac{I_1}{I_0} = \dfrac{2\pi f_0 L}{R} = \dfrac{\omega_0 L}{R}$，支路电流 I_c 或 I_1 是总电流 I_0 的 Q 倍。

4）电路发生谐振，电路阻抗最大，电路两端的电压也是最大。这样起到选频的作用。Q 越大，选择性越好。

9. 功率

（1）瞬时功率。

$$p = ui = U_m I_m \sin(\omega t + \varphi)\sin\omega t = 2UI\left[\frac{1}{2}\cos\varphi - \frac{1}{2}\cos(2\omega t + \varphi)\right]$$
$$= UI\cos\varphi - UI\cos(2\omega t + \varphi)$$

（2）平均功率（有功功率）。

$$P = \frac{1}{T}\int_0^T p\,\mathrm{d}t = \frac{1}{T}\int_0^T [UI\cos\varphi - UI\cos(2\omega t + \varphi)]\mathrm{d}t = UI\cos\varphi$$

（3）无功功率。

$$Q = U_X I = (U_L - U_C)I = I^2(X_L - X_C) = UI\sin\varphi$$

（4）视在功率。

$$S = \sqrt{P^2 + Q^2} = UI = |Z|I^2$$

（5）功率因数。

$$\lambda = \cos\varphi = \frac{P}{S} = \frac{U_R}{U} = \frac{R}{|Z|}$$

（6）功率因数的提高：并联电容器。

$$C = \frac{Q_C}{\omega U^2} = \frac{P}{2\pi f U^2}(\tan\varphi_1 - \tan\varphi_2)$$

2.1.2 三相交流电路

1. 三相交流电源

三相正弦交流电是三相交流发电机产生的。三相电源的连接形式有星形连接和三角形连接两种形式。三相定子绕组末端 X、Y、Z 连接在一起，分别由三个首端 A、B、C 引出三条输电线，称为星形联结。这三条输电线称为相线或端线，俗称火线，用 A、B、C 表示；X、Y、Z 的联结点称为中性点。三相电源的每一相线与中性线构成一相，其间的电压称为相电压，常用 U_A、U_B、U_C 表示，一般用 U_p 表示。每两条相线之间的电压称为线电压，其有效值用 U_{AB}、U_{BC}、U_{CA} 表示，一般用 U_l 表示。线电压的有效值是相电压有效值的 $\sqrt{3}$ 倍，线电压的相位超前对应相电压 $30°$。将电源的三相绕组首末端依次相联成三角形，并由三角形的三个顶引出三条相线 A，B，C 给用户供电，称为三角形联结，这时 $U_l = U_p$。

2. 三相负载

三相供电系统中每一个负载称为一相负载，每相负载的端电压称为负载相电压，流过每个负载的电流称为相电流，流过端线的电流称为线电流，三相负载的复阻抗相等者称为对称三相负载，三相负载的复阻抗不相等者称为不对称三相负载。负载接成Y形或△形。Y_0 接时，不论负载是否对称，负载上的电压为相电压，$\dot{I}_p = \dfrac{\dot{U}_P}{Z_P}$，$\dot{I}_1 = \dot{I}_p$，$\dot{I}_N = \dot{I}_a + \dot{I}_b + \dot{I}_c$，因此在三相四线制供电系统中，不允许将中性线断开，即中性线内不接入熔断器或闸刀开关。

△形接对称负载时，负载上的电压为线电压，$\dot{I}_p = \dfrac{\dot{U}_1}{Z_P}$，$\dot{I}_1 = \sqrt{3}\dot{I}_p \angle -30°$。

3. 三相功率

在三相电路中，不论负载是丫接或△接，总的有功功率必定等于各相有功功率之和，即 $P = P_1 + P_2 + P_3 = U_1 I_1 \cos\varphi_1 + U_2 I_2 \cos\varphi_2 + U_3 I_3 \cos\varphi_3$，$Q$ 同理，$S = \sqrt{P^2 + Q^2}$。若负载对称，则 $P = 3U_p I_p \cos\varphi = \sqrt{3}U_1 I_1 \cos\varphi$，$Q = 3U_p I_p \sin\varphi = \sqrt{3}U_1 I_1 \sin\varphi$，$S = 3U_p I_p = \sqrt{3}U_1 I_1$。

2.1.3 安全用电

1. 电流对人体的作用

由于不慎触及带电体，产生触电事故，使人体受到的伤害可分为电击和电伤两种。电击是指电流通过人体，使内部器官组织受到损伤。电伤是指在电弧作用下或熔断丝熔断时，对人体外部的伤害。电流通过人体的时间愈长，则伤害愈严重。如果通过人体的电流在 0.05A 以上时，就有生命危险。一般说，接触 36V 以下的电压时，通过人体的电流不致超过 0.05A。

2. 触电方式

（1）接触正常带电体。

1）电源中性点接地的单相触电，人体处于相电压之下，危险性较大。如果人体与地面的绝缘较好，危险性可以大大减小。

2）电源中性点不接地的单相触电，触电也有危险。

3）两相触电最为危险，因为人体处于线电压之下。

（2）接触正常不带电的金属体。触电的另一种情形是接触正常不带电的部分。人手触及带电的电机（或其他电气设备）外壳，相当于单相触电。

3. 触电防护

（1）工作接地。在 380/220V 三相四线制供电系统中，中性线连同变电所的变压器的外壳直接接地，称为工作接地。如图 2.1 所示。当某一相（如图中 L_1）相对地发生短路故障时，这一相电流很大，将其熔断器熔断，而其他两相仍能正常供电，这对于照明电路非常重要。如果某局部线路上装有自动空气断路器，大电流将会使其迅速跳闸，切断电路，从而保证了人身的安全和整个低压系统工作的可靠性。

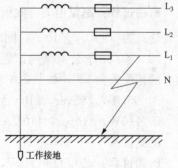

图 2.1　工作接地

（2）保护接零。在有工作接地的三相四线制低压供电系统中，将用电设备的金属外壳与中性线（零钱）可靠地连接起来，称为保护接零，如图 2.2 所示，在保护接零用电系统中，若由于绝缘破损使某一相电源与设备外壳相连，将会发生该相电源短路，使熔断器等保护电器动作，保护了人身触及外壳时的安全。但是，如果三相负载不平衡，中性线上将有电流通过，存在中性线电压，给人以不安全感，故保护接零比较适合于对称负载系统使用。

（3）保护接地。在中性点不接地的三相三线制供电系统中，其保护措施是将电气设备的外壳可靠地用金属导体与大地相连，称为保护接地，如图 2.3 所示。

在中性点接地系统中，也不允许保护接零和保护接地同时混用。特殊需要的场合，一些小功率电子仪器采用金属外壳直接接地方式，起到屏蔽电磁干扰的作用。

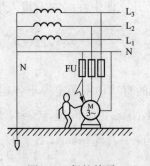

图 2.2　保护接零　　　　　　图 2.3　保护接地

2.2　考 试 真 题 分 析

2.2.1　单相交流电路真题

[2.1]（2017 公共基础试题）用电压表测量图 2.4 所示电路 $u(t)$ 和 $i(t)$ 的结果是 10V 和 0.2A，设电流 $i(t)$ 的初相位为 $10°$，电压与电流呈反相关系，则如下关系成立的是：（　　）

A. $\dot{U}=10\angle-10°\text{V}$

B. $\dot{U}=-10\angle-10°\text{V}$

C. $\dot{U}=10\sqrt{2}\angle-170°\text{V}$

D. $\dot{U}=10\angle-170°\text{V}$

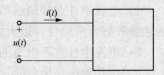

图 2.4　题 [2.1]、[2.2] 图

答案：D

解题过程：测量值为有效值，电压与电流反相，即相差 $180°$，根据题意可知，电流的相量表达式为 $\dot{I}=0.2\angle10°\text{A}$，则电压的相量表达式为 $\dot{U}=10\angle-170°\text{V}$。

[2.2]（2017 公共基础试题）测得某交流电路的端电压 u 及电流 i 分别为 110V，1A，两者的相位差为 $30°$，如图 2.4 所示，电路的有功功率、无功功率和视在功率分别：（　　）

A. 95.3W，55var，110VA　　　　　B. 55W，95.3var，110VA

C. 110W，110var，110VA　　　　　D. 95.3W，55var，150.3VA

答案：A

解题过程：已知 $U=110\text{V}$，$I=1\text{A}$，$\varphi=30°$；则有功功率为 $P=UI\cos\varphi=110\times1\times\cos30°=95.26\text{W}$；无功功率为 $Q=UI\sin\varphi=110\times1\times\sin30°=55\text{var}$；视在功率为 $S=UI=110\times1=110\text{VA}$。

[2.3]（2016 公共基础试题）图 2.5 所示电路中，当端电压 $\dot{U}=100\angle0°\text{V}$ 时，$\dot{I}$ 等于：（　　）

A. $3.5\angle-45°\text{A}$

B. $3.5\angle45°\text{A}$

C. $4.5\angle26.6°\text{A}$

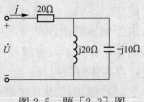

图 2.5　题 [2.3] 图

D. $4.5\angle-26.6°$A

答案：B

解题过程：根据题意可知 $\dot{I}=\dfrac{\dot{U}}{20+(j20/\!/-j10)}=\dfrac{100\angle0°}{20-j20}=\dfrac{100\angle0°}{20\sqrt{2}\angle-45°}=3.535\angle45°$（A）。

[2.4]（2012 公共基础试题）有一容量为 10kVA 的单相变压器，电压为 3300/220V 变压器在额定状态下运行。在理想的情况下副边可接 40W，220V、功率因数 $\cos\varphi=0.44$ 的日光灯的数量为：（　　）

　　A. 110　　　　　　B. 200　　　　　　C. 250　　　　　　D. 125

答案：A

解题过程：1 盏日光灯的电流为 $I=\dfrac{P}{U\cos\varphi}=\dfrac{40}{220\times0.44}=0.413$A；变压器二次侧电流 $I_2=\dfrac{S}{U_2}=\dfrac{10}{220}kA=45.45$A；则变压器副边能接日光灯盏数为：$\dfrac{I_2}{I}=\dfrac{45.45}{0.413}=110$。

[2.5]（2011 公共基础试题）图 2.6 所示电路中，$u=10\sin(1000t+30°)$V，如果使用相量法求解图所示电路中的电流 i，那么，如下步骤中存在错误的是：（　　）

步骤 1：$\dot{I}_1=\dfrac{10}{R+j1000L}$

步骤 2：$\dot{I}_2=10\times j1000C$

步骤 3：$\dot{I}=\dot{I}_1+\dot{I}_2=I\angle\psi_i$

步骤 4：$i=I\sqrt{2}\sin\psi_i$

答案：C

A. 仅步骤 1 和步骤 2 错

B. 仅步骤 2 错

C. 步骤 1、步骤 2 和步骤 4 错

D. 仅步骤 4 错

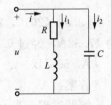

图 2.6　[题 2.5] 图

解题过程：该电路是 R、L、C 混联的正弦交流电路，根据给定电压，将其写成复数为：

$\dot{U}=U\angle30°=\dfrac{10}{\sqrt{2}}\angle30°$V，电流 $\dot{I}=\dot{I}_1+\dot{I}_2=\dfrac{\dot{U}}{R+j\omega L}+\dfrac{\dot{U}}{-j(1/\omega C)}=I\angle\psi_i$。

[2.6]（2017 专业基础试题）正弦电压 $u_1=100\sin(\omega t+30°)$V 对应的有效值为：（　　）

　　A. 100V　　　　　B. $\dfrac{100}{\sqrt{2}}$V　　　　　C. $100\sqrt{2}$V　　　　　D. 50V

答案：B

解题过程：根据正弦波的表达式 $y(t)=A_m\sin(\omega t+\varphi)$ 可知，正弦量的三要素为最大值 A_m，角频率 ω，初始相位 φ。有效值 A 与最大值 A_m 的关系为 $A=\dfrac{A_m}{\sqrt{2}}$。本题中，电压最大值 $U_m=100$V，角频率 ω。初始相位 $\varphi=30°$，电压有效值 U 与最大值 U_m 的关系为：$U=\dfrac{U_m}{\sqrt{2}}=\dfrac{100}{\sqrt{2}}$V。

[2.7]（2010 公共基础试题）在图 2.7 所示电路中，A1、A2、V1、V2 均为交流表，用于测量电压或电流的有效值 I_1、I_2、U_1、U_2，若 $I_1=4\text{A}$，$I_2=2\text{A}$，$U_1=10\text{V}$，则电压表 U_2 的读数应为：（ ）

A. 40V   B. 14.14V   C. 31.62V   D. 20V

答案：B

解题过程：电阻上的电流 I 与电压 U 同相位，电感上的电流 I_1 滞后电压 $\dot{U}_1$ 90°，电容上电流 I_2 超前电压 $\dot{U}_1$ 90°。设 $\dot{U}_1=10\angle 0°$，根据给定条件，绘制如图 2.8 所示相量图进行分析。

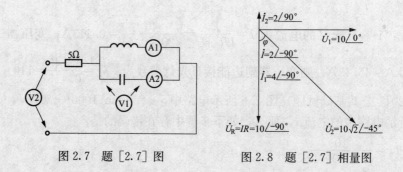

图 2.7 题 [2.7] 图   图 2.8 题 [2.7] 相量图

[2.8]（2010，2012 专业基础试题）已知正弦电流的初相角为 90°，在 $t=0$ 时的瞬时值为 17.32A，经过 0.5×10^{-3}s 后电流第一次下降为 0，则其频率为：（ ）

A. 500Hz   B. 1000πHz   C. 50πHz   D. 1000Hz

答案：A

解题过程：当 $t=0.5\times10^{-3}$s 时，$i(0.5\times10^{-3})=I_m\sin(\omega\times0.5\times10^{-3}+90°)=0$，可得 $\omega\times0.5\times10^{-3}+90°=180°$，则角频率 $\omega=1000\pi\text{rad/s}$；根据 $\omega=1000\pi=2\pi f$，得系统的频率 $f=500\text{Hz}$。

[2.9]（2012，2005 专业基础试题）正弦电流通过电容元件时，下列关系中正确的是：（ ）

A. $I_m=j\omega C U_m$ B. $u_C=X_C i_C$ C. $\dot{I}=j\dot{U}/X_C$ D. $\dot{I}=C\dfrac{\mathrm{d}\dot{U}}{\mathrm{d}t}$

答案：C

解题过程：正弦电流通过电容元件时，电压和电流的表达式为：$\dot{U}_C=-jX_C\dot{I}_C=-j\dfrac{1}{\omega C}$

$\dot{I}_C=U_C\angle\varphi_{uC}=X_C I_C\angle\left(\varphi_{iC}-\dfrac{\pi}{2}\right)=\dfrac{1}{\omega C}I_C\angle\left(\varphi_{iC}-\dfrac{\pi}{2}\right)$； $\dot{I}_C=jB_C\dot{U}_C=j\omega C\dot{U}_C=I_C\angle\varphi_{iC}=B_C$

$U_C\angle\left(\varphi_{uC}+\dfrac{\pi}{2}\right)=\omega C U_C\angle\left(\varphi_{uC}+\dfrac{\pi}{2}\right)$； $X_C=\dfrac{U_C}{I_C}=\dfrac{U_{Cm}}{I_{Cm}}=\dfrac{1}{\omega C}$； $B_C=\dfrac{I_C}{U_C}=\dfrac{I_{Cm}}{U_{Cm}}=\omega C$。

[2.10]（2014 专业基础试题）两个交流电源 $u_1=3\sin(\omega t+53.4°)$，$u_2=4\sin(\omega t-36.6°)$ 串接在一起，新的电源最大幅值是：（ ）

A. 5V   B. $\dfrac{5}{\sqrt{2}}$V   C. $5\sqrt{2}$V   D. 10V

答案：A

解题过程：$\dot{U}_1=\dfrac{3}{\sqrt{2}}\angle 53.4°$，$\dot{U}_2=\dfrac{4}{\sqrt{2}}\angle -36.6°$，$|\dot{U}_1+\dot{U}_2|=\sqrt{\left(\dfrac{3}{\sqrt{2}}\right)^2+\left(\dfrac{4}{\sqrt{2}}\right)^2}=\dfrac{5}{\sqrt{2}}$，

峰值为 5V。

[2.11]（2017 专业基础试题）图 2.9 所示正弦电路有理想电压表读数，则电容电压有
效值为：（ ）

A. 10V   B. 30V   C. 40V   D. 90V

答案：B

解题过程：根据图 2.9 作出相量图如图 2.10 所示。根据题意和题解图可知：$\dot{U}_1=$
$40\angle 0°\text{V}$，$\dot{U}_2=50\angle(-\varphi)\text{V}$，$U_1=40\text{V}$，$U_2=50\text{V}$。则电容上的电压为，$U=\sqrt{U_2^2-U_1^2}=$
$\sqrt{50^2-40^2}=30\text{V}$。

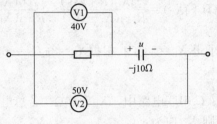

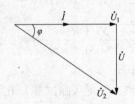

图 2.9　题 [2.11] 图　　　　　图 2.10　题 [2.11] 相量图

[2.12]（2013，2012 专业基础试题）R、L、C 串联电路中，若总电压 U、电感电压 U_L
以及 R、C 两端的电压 U_{RC} 均为 150V，且 $R=25\Omega$，则该串联电流中的电流 I 为：（ ）

A. 6A   B. $3\sqrt{3}$A   C. 3A   D. 2A

答案：B

解题过程：根据题意作出相量图如图 2.11 所示。根据题意可
知：$|U|=|U_{RC}|=|U_L|=150\text{V}$，可知电压相量图为一正三角形。
因此，$\varphi=30°$。电阻两端电压 U_R：$\dot{U}_R=\dot{U}_{RC}\cos 30°\Rightarrow|U_R|=$
$|U_{RC}|\cos 30°=75\sqrt{3}\,\text{V}$。电阻上流过的电流 I 为：$\dot{I}=\dfrac{\dot{U}_R\angle 0°}{R}=$

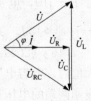

图 2.11　题 [2.12]
相量图

$\dfrac{75\sqrt{3}\angle 0°}{25}=3\sqrt{3}\angle 0°\text{A}$，求得电流：$I=3\sqrt{3}$A。

[2.13]（2016、2011 专业基础试题）如图 2.12 所示正弦交流电路中，已知 $Z=10+$
$\text{j}50\Omega$，$Z_1=400+\text{j}1000\Omega$。当 $\dot{I}_1$ 和 $\dot{U}_S$ 的相位差为 $90°$ 时，β 的值
为：（ ）

A. -41

B. 41

C. -51

D. 51

图 2.12　题 [2.13] 图

答案：A

解题过程：$\dot{U}_S=\dot{I}Z+\dot{I}_1Z_1$，$\dot{I}=\dot{I}_1+\beta\dot{I}_1$；则$\dot{U}_S=(1+\beta)(10+j50)\dot{I}_1+(400+j1000)$ $\dot{I}_1=(410+10\beta)\dot{I}_1+j[50(1+\beta)+1000]\dot{I}_1$；由$\dot{I}_1$和$\dot{U}_S$相差$90°$得：$\beta=-41$。

[2.14]（2014 专业基础试题）图 2.13 所示电路中，$U=380V$，$f=50Hz$。如果开关 S 闭合，闭合前后电流表示数为 0.5A 不变，则 L 值为：（　）

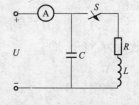

A. 0.8H 　　　　 B. 1.2H

C. 2.4H 　　　　 D. 1.6H

答案：B

图 2.13　题 [2.14] 图

解题过程：开关 S 闭合前，电流表中流过的电流为电容电流，即 $I_C=0.5A$。则容抗为 $X_C=\dfrac{U}{I_C}=\dfrac{380}{0.5}=760\Omega$。开关 S 闭合后，电流表中流过的电流为 $I=0.5A$。则总电抗 Z 的模等于容抗的值，即 $|Z|=X_C=760\Omega$。$Z=-jX_C//(R+jX_L)=\dfrac{-jX_C(R+jX_L)}{R+j(X_L-X_C)}=\dfrac{760(X_L-jR)}{R+j(X_L-760)}$；根据 $|Z|=760\sqrt{\dfrac{X_L^2+R^2}{R^2+(X_L-760)^2}}=760\Omega$，可求得 $X_L=380\Omega$；根据 $X_L=2\pi fL=100\pi L=380\Omega$，可求得 $L=1.209H$。

[2.15]（2013 专业基础试题）在 R、L、C 串联电路中，$X_C=10\Omega$。若总电压维持不变而将 L 短路，总电流的有效值与原来相同，则 X_L 应为：（　）

A. 30Ω 　　 B. 40Ω 　　 C. 5Ω 　　 D. 20Ω

答案：D

解题过程：设 R、L、C 串联电路的总电压为 $U\angle 0°$。则 R、L、C 串联电路的阻抗 $X_1=R+j\left(\omega L-\dfrac{1}{\omega C}\right)$，电流 $\dot{I}_1=\dfrac{U\angle 0°}{X_1}=\dfrac{U\angle 0°}{R+j(\omega L-10)}$；$L$ 短路后，串联电路的阻抗 $X_2=R-j\dfrac{1}{\omega C}=R-j10$，电流 $\dot{I}_2=\dfrac{U\angle 0°}{X_2}=\dfrac{U\angle 0°}{R-j10}$；根据题意可知 $I_1=I_2$，则 $|R+j(\omega L-10)|=|R-j10|\Rightarrow|\omega L-10|=|-10|$，求得 $X_L=20\Omega$。

[2.16]（2009 专业基础试题）调整电源频率，当图 2.14 所示电路电流 i 的有效值达到最大值时，电容电压有效值为 160V，电源电压有效值为 10V，则线圈两端的电压 U_{RL} 为：（　）

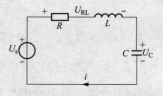

A. 160V

B. $10\sqrt{257}$V

C. $10\sqrt{259}$V

D. $10\sqrt{255}$V

答案：B

图 2.14　题 [2.16] 图

解题过程：根据图 2.14 可得 $\dot{U}_C=\dfrac{1}{j\omega C}\dot{I}$，$\dot{U}_L=j\omega L\dot{I}$，$\dot{U}_S=\dot{U}_R+\dot{U}_C+\dot{U}_L$，根据题意可知，电源电压为电阻 R 两端的电压，则 $\dot{U}_S=\dot{U}_R=10\angle 0°$，则 $\dot{U}_{RL}=\dot{U}_R+\dot{U}_L=10\angle 0°+j160$，$U_{RL}=\sqrt{10^2+160^2}=10\sqrt{257}$V。

[2.17]（2016 专业基础试题）在 220V 的工频交流线路上并联接有 20 只 40W（功率因数 $\cos\varphi=0.5$）的日光灯和 100 只 400W 的白炽灯，线路的功率因数 $\cos\varphi$ 为：（ ）

A. 0.9994　　　　B. 0.9888　　　　C. 0.9788　　　　D. 0.9500

答案：A

解题过程：20 只 40W（功率因数 $\cos\varphi=0.5$）的日光灯总的消耗功率 $P_1=20\times40\text{W}\times\cos\varphi=20\times40\times0.5=400\text{W}$，则日光灯支路的电流为 $I_1=\dfrac{P_1}{U}=\dfrac{400}{220}=1.818\text{A}$，$\dot{I}_1=1.818\angle-60°\text{A}$。100 只 400W 的白炽灯总的消耗功率 $P_2=100\times40\text{W}=40000\text{W}$，则白炽灯支路的电流为 $I_2=\dfrac{P_2}{U}=\dfrac{40000}{220}=181.818\text{A}$，$\dot{I}_2=181.818\angle0°\text{A}$。则总电流 $\dot{I}=\dot{I}_1+\dot{I}_2=1.818\angle-60°+181.818\angle0°\text{A}=182.7238\angle-0.49368°\text{A}$；220V 的工频交流线路的电压为 $\dot{U}=220\angle0°\text{V}$；则线路的功率因数 $\cos\varphi$ 为 $\cos\varphi=\cos0.49368=0.99996$。

[2.18]（2010、2009 专业基础试题）如图 2.15 所示正弦交流电路中，若电源电压有效值 $U=100\text{V}$，角频率为 ω，电流有效值 $I=I_1=I_2$，电源提供的有功功率 $P=866\text{W}$，则电阻 R、ωL 分别为：（ ）

A. 16Ω、15Ω　　　B. 8Ω、1Ω　　　C. 88.6Ω、10Ω　　　D. 8.66Ω、5Ω

答案：D

解题过程：设 $\dot{U}=U\angle0°$，又 $I=I_1=I_2$，根据基尔霍夫电流定律可得 $\dot{I}=\dot{I}_1+\dot{I}_2$。绘制图 2.15 所示电路的相量图如图 2.16 所示。电容支路电流超前于电源电压 $\dot{U}$ 90°，即 $\dot{I}_1=I_1\angle90°$，则电流 $\dot{I}$、$\dot{I}_1$、$\dot{I}_2$ 形成一正三角形，据图 2.16 可得 $\dot{I}_2=I_2\angle-30°$。因为

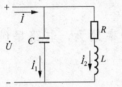
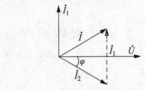

图 2.15　题 [2.18] 图　　　图 2.16　题 [2.18] 相量图

$$\dot{I}_2=\frac{\dot{U}}{R+\text{j}\omega L}=\frac{100\angle0°}{R+\text{j}\omega L}=I_2\angle-30° \tag{1}$$

可求得　　　　　　　　　　$\arctan\dfrac{\omega L}{R}=30°$，则 $\dfrac{\omega L}{R}=\dfrac{\sqrt{3}}{3}$　　　　　　　　　（2）

根据式（1）可得　　　　　　　　$I_2=\dfrac{100}{\sqrt{R^2+(\omega L)^2}}$　　　　　　　　　　　（3）

已知电源提供的有功功率 $P=866\text{W}$ 全部消耗在电阻 R 上，则 $P=I_2^2R=866\text{W}$　　（4）

联立式（2）～式（4）可求得 $\dfrac{10000R}{R^2+(\omega L)^2}=886\Rightarrow R=\dfrac{10000\times3}{886\times4}=8.66\Omega$。将 R 代入式（2）可得 $\omega L=5\Omega$。

[2.19]（2017 专业基础试题）图 2.17 所示 RLC 串联电路，已知 $R=60\Omega$，$L=0.02\text{H}$，$C=10\mu\text{F}$，正弦电压 $u=100\sqrt{2}\cos(10^3t+15°)\text{V}$，则该电路视在功率为：（ ）

A. 60VA　　　　　B. 80VA　　　　　C. 100VA　　　　　D. 160VA

答案：C

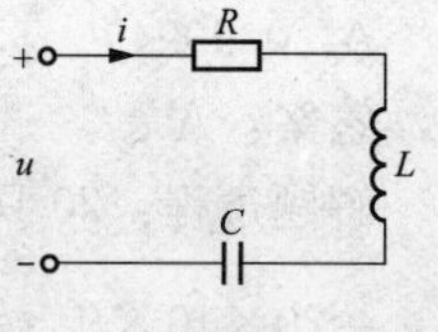

解题过程：据题意可知，正弦电压的有效值 $U=100\text{V}$，$\omega=1000$，

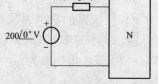

图 2.17　题 [2.19] 图

$\varphi=15°$，$X_L=\omega L=20$，$X_C=\dfrac{1}{\omega C}=100$，$Z=R+\mathrm{j}(X_L-X_C)=60+\mathrm{j}$

$(20-100)=60-\mathrm{j}80\Omega$；电路中的电流有效值为 $I=\dfrac{U}{|Z|}=\dfrac{100}{\sqrt{60^2+80^2}}=$

1A；则该电路的视在功率为 $S=UI=100\times1=100\text{VA}$。

[2.20]（2009 专业基础试题）如图 2.18 所示正弦稳态电路角频率为 1000rad/s，N 为线性阻抗网络，其功率因数为 0.707（感性），吸收的有功功率为 500W，若要使 N 吸收的有功功率达到最大，则需在其两端并联的电容 C 应为：（　　　）

A. $50\mu\text{F}$

B. $75\mu\text{F}$

C. $100\mu\text{F}$

D. $125\mu\text{F}$

答案：C

图 2.18　题 [2.20] 图

解题过程：根据图 2.18 可得 N 为线性阻抗网络，其功率因数为 0.707（感性），得：

$R+\mathrm{j}X=R+\mathrm{j}R$；

$\dot{I}=\dfrac{200\angle0°}{10+\mathrm{j}10+R+\mathrm{j}R}=\dfrac{200\angle0°}{(10+R)+\mathrm{j}(10+R)}\text{A}$；$I=\dfrac{200}{\sqrt{(10+R)^2+(10+R)^2}}=\dfrac{100\sqrt{2}}{10+R}$；

$RI^2=P=500\Rightarrow R=10\Omega$；$(R+\mathrm{j}X)\mathbin{/\!/}\left(-\mathrm{j}\dfrac{1}{1000C}\right)=(10+\mathrm{j}10)\mathbin{/\!/}\left(-\mathrm{j}\dfrac{1}{1000C}\right)=$

$\dfrac{(10+\mathrm{j}10)\times\left(-\mathrm{j}\dfrac{1}{1000C}\right)}{(10+\mathrm{j}10)+\left(-\mathrm{j}\dfrac{1}{1000C}\right)}$；要使 N 吸收的有功功率最大，电路呈纯阻性，则须满足：

$\dfrac{(10+\mathrm{j}10)\times\left(-\mathrm{j}\dfrac{1}{1000C}\right)}{(10+\mathrm{j}10)+\left(-\mathrm{j}\dfrac{1}{1000C}\right)}=10-\mathrm{j}10$；整理上式得 $-\mathrm{j}\dfrac{1}{1000C}(-10-\mathrm{j}10+10-\mathrm{j}10)=200$；可

求得 $C=100\times10^{-6}\text{F}=100\mu\text{F}$。

[2.21]（2016 专业基础试题）已知图 2.19 中正弦电流电路发生谐振时，电流表 A2 和 A3 的读数分别为 10A 和 20A，则电流表 A1 的读数为：（　　　）

A. 10A　　　　　B. 17.3A　　　　　C. 20A　　　　　D. 30A

答案：B

解题过程：设电路的端电压为 $\dot{U}=U\angle0°$，已知电路发生谐振，电流表 A1 的电流与端电压同相位，则 $\dot{I}_{A1}=I_{A1}\angle0°$。根据题意绘制图 2.19 电路的相量图如图 2.20 所示。可得：$I_{A1}=\sqrt{(I_{A3})^2-(I_{A2})^2}=\sqrt{20^2-10^2}=17.32\text{A}$；因此，电流表 A1 的读数为 17.32A。

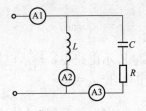
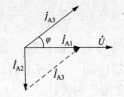

图 2.19　题 [2.21] 图　　　图 2.20　题 [2.21] 相量图

[2.22]（2014，2008 专业基础试题）如图 2.21 所示电路的谐振角频率为（rad/s）：（　　）

A. $\dfrac{1}{3\sqrt{LC}}$

B. $\dfrac{1}{9\sqrt{LC}}$

C. $\dfrac{9}{\sqrt{LC}}$

D. $\dfrac{3}{\sqrt{LC}}$

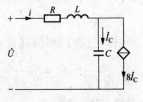

图 2.21　题 [2.22] 图

答案：A

解题过程：据图 2.21 可得：$\dot{I}=\dot{I}_C+8\dot{I}_C$，根据基尔霍夫电压定律可得：$\dot{U}=(R+j\omega L)\dot{I}-j\dfrac{1}{\omega C}\dot{I}_C$，由上二式可得：$\dot{U}=9\dot{I}_C(R+j\omega L)-j\dfrac{1}{\omega C}\dot{I}_C=9R\dot{I}_C+j\left(9\omega L-\dfrac{1}{\omega C}\right)\dot{I}_C$；电路谐振时，电压与电流同相位，则 $9\omega L-\dfrac{1}{\omega C}=0$。求得谐振角频率 $\omega=\dfrac{1}{3\sqrt{LC}}$。

[2.23]（2010，2013，2014 专业基础试题）如图 2.22 所示电路中 $u=12\sin\omega t\,\mathrm{V}$，$i=2\sin\omega t\,\mathrm{A}$，$\omega=2000\mathrm{rad/s}$，无源二端网络 N 看作电阻 R 和电容 C 相串联，R 和 C 的数值应为：（　　）

A. 2Ω，$0.25\mu\mathrm{F}$

B. 3Ω，$0.125\mu\mathrm{F}$

C. 4Ω，$0.25\mu\mathrm{F}$

D. 4Ω，$0.5\mu\mathrm{F}$

答案：A

解题过程：据题意可得 $Z=4+j\omega L+R-j\dfrac{1}{\omega C}$；已知 $u=12\sin\omega t\,\mathrm{V}$，$i=2\sin\omega t\,\mathrm{A}$，电路呈现纯阻性性质，电路发生串联谐振，有 $\omega L=\dfrac{1}{\omega C}$，则 $C=\dfrac{1}{\omega^2 L}=\dfrac{1}{2000^2\times1}=0.25\times10^{-6}\,\mathrm{F}=0.25\mu\mathrm{F}$。又 $Z=\dfrac{\dot{U}}{\dot{I}}=4+j\omega L+R-j\dfrac{1}{\omega C}=6$，则 $R=2\Omega$。

[2.24]（2013，2012，2005 专业基础试题）电阻 $R=3\mathrm{k}\Omega$、电感 $L=4\mathrm{H}$ 和电容 $C=1\mu\mathrm{F}$ 组成的串联电路。当电路发生振荡时，振荡角频率应为：（　　）

A. 375rad/s　　　　B. 500rad/s　　　　C. 331rad/s　　　　D. 750rad/s

答案：B

解题过程：振荡角频率 $\omega=\sqrt{\dfrac{1}{LC}}=\dfrac{1}{\sqrt{4\times1\times10^{-6}}}=500\text{rad/s}$。

[2.25]（2011，2008 专业基础试题）如图 2.23 所示电路中，输入电压 $u_1=U_{1m}\sin\omega t+U_{3m}\sin3\omega t$，如 $L=0.12\text{H}$，$\omega=314\text{rad/s}$，使输出电压 $u_2=U_{1m}\sin\omega t$，则 C_1 与 C_2 之值分别为：（　　）

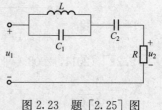

A. $7.3\mu\text{F}$，$75\mu\text{F}$

B. $9.3\mu\text{F}$，$65\mu\text{F}$

C. $9.3\mu\text{F}$，$75\mu\text{F}$

D. $75\mu\text{F}$，$9.3\mu\text{F}$

图 2.23　题 [2.25] 图

答案：C

解题过程：根据题意可知，输入电压为三次谐波分量时，L 和 C_1 发生并联谐振。因此 $3\omega=\dfrac{1}{\sqrt{LC_1}}\Rightarrow C_1=\dfrac{1}{0.12\times9\times314^2}\text{F}=9.36\times10^{-6}\text{F}$，输入电压为基波分量时，$L$、$C_1$、$C_2$ 发生串联谐振，则：

$$\dfrac{j\omega L\times\left(-j\dfrac{1}{\omega C_1}\right)}{j\omega L-j\dfrac{1}{\omega C_1}}=j\dfrac{1}{\omega C_2}\Rightarrow\dfrac{-\dfrac{L}{C_1}}{\omega L-\dfrac{1}{\omega C_1}}=\dfrac{1}{\omega C_2}$$

$$\Rightarrow-\dfrac{L}{C_1}=\dfrac{L}{C_2}-\dfrac{1}{\omega^2 C_1 C_2}\Rightarrow\omega^2=\dfrac{1}{L(C_1+C_2)}\Rightarrow C_2=75.11\times10^{-6}\text{F}$$

[2.26]（2010，2012 专业基础试题）如图 2.24 所示正弦稳态电路发生谐振时，电流表 A1 读数为 12A，电流表 A2 读数为 20A，则电流表 A3 的读数为：（　　）

A. 16A　　　　　B. 8A　　　　　C. 4A　　　　　D. 2A

答案：A

谐振电路，电流表 A3 中流过的总电流 $\dot I_{A3}$ 与端电压 $\dot U$ 同相位，则 $\dot I_{A3}=I_{A3}\angle0°$；电感支路的电流表 A1 中流过的电流 $\dot I_{A1}$ 滞后端电压 $\dot U 90°$，$\dot I_{A1}=12\angle-90°$；阻容支路的电流表 A2 中流过的电流 $\dot I_{A2}$ 超前端电压 $\dot U$，$\dot I_{A2}=20\angle\varphi$。因此绘制图 2.24 电路的相量图如图 2.25 所示。根据图 2.25 可得：$\dot I_{A3}=\sqrt{(\dot I_{A2})^2-(\dot I_{A1})^2}=\sqrt{20^2-12^2}=16\text{A}$。

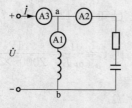
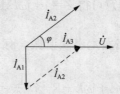

图 2.24　题 [2.26] 图　　　　图 2.25　题 [2.26] 相量图

[2.27]（2010 专业基础试题）如图 2.26 所示正弦稳态电路中，若 $\dot U_S=20\angle0°\text{V}$，$\omega=1000\text{rad/s}$，$R=10\Omega$，$L=1\text{mH}$。当 L 和 C 发生并联谐振时，$\dot I_C$ 应为：（　　）

A. $20\angle-90°$　　　　B. $20\angle90°$　　　　C. 2　　　　D. 20

答案：B

解题过程：当 L 和 C 发生并联谐振的条件为 $\omega L = \dfrac{1}{\omega C}$，将

数据代入求得 $\dfrac{1}{\omega C}=1$。电流 $\dot{I}_C = \mathrm{j}\omega C \dot{U}_S$，将数据代入求得 $\dot{I}_C =$

$\mathrm{j}1 \times 20\angle 0° = 20\angle 90°\mathrm{A}$。

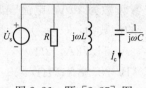

图 2.26 题 [2.27] 图

[2.28]（2016 专业基础试题）由电阻 $R = 100\Omega$ 和电容 $C = 100\mu\mathrm{F}$ 组成串联电路。已知
电源电压为 $u_S(t) = 100\sqrt{2}\cos(100t)\mathrm{V}$，那么该电路的电流 $i(t)$ 为：（　　）

A. $\sqrt{2}\cos(100t - 45°)\mathrm{A}$ B. $\sqrt{2}\cos(100t + 45°)\mathrm{A}$

C. $\cos(100t - 45°)\mathrm{A}$ D. $\cos(100t + 45°)\mathrm{A}$

答案：D

解题过程：电源电压为余弦函数形式，则电流也为余弦函数形式，电源电压的相量表示
为 $\dot{U}_S = 100\angle 0°\mathrm{V}$，据题意可得：$\dot{U}_S = \left(R + \dfrac{1}{\mathrm{j}\omega L}\right)\dot{I} = \left(R - \mathrm{j}\dfrac{1}{\omega L}\right)\dot{I}$。则 $100\angle 0° = (100 - \mathrm{j}100)$

$\dot{I} = \dot{I} \times 100\sqrt{2}\angle -45°$，求得：$\dot{I} = \dfrac{1}{\sqrt{2}}\angle -45°\mathrm{A}100$，则电流的余弦函数形式为：$i(t) = \cos$

$(100t + 45°)\mathrm{A}$。

[2.29]（2014 专业基础试题）如图 2.27 所示电路中，电源的频率是确定的，电感 L 的
值固定，电容 C 的值和电阻 R 的值是可调的，若流过 R 上的电流与 R 无关，则 $\omega^2 LC$ 为：
（　　）

A. 2

B. $\sqrt{2}$

C. -1

D. 1

答案：D

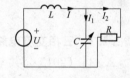

图 2.27 题 [2.29] 图

解题过程：根据如图 2.27 所示的题解图可知，$\dot{I}_1 = \mathrm{j}\omega C \dot{I}_2 R$，则 $\dot{U} = \mathrm{j}\omega L \dot{I} + \dot{I}_2 R = \mathrm{j}\omega L$
$(\mathrm{j}\omega C \dot{I}_2 R + \dot{I}_2) + \dot{I}_2 R = -\omega^2 LC \dot{I}_2 R + \mathrm{j}\omega L \dot{I}_2 + \dot{I}_2 R = \dot{I}_2 R(1 - \omega^2 LC) + \mathrm{j}\omega L \dot{I}_2$；当 $\omega^2 LC = 1$
时，流过电阻 R 两端的电流 $\dot{I}_2$ 与电阻 R 无关。

[2.30]（2010，2009 专业基础试题）如图 2.28 所示正弦稳态电路中，若电压表 V 读数
为 50V，电流表读数为 1A，功率表读数为 30W，则 R，ωL 分别应为：（　　）

A. 20Ω，45Ω

B. 25Ω，25Ω

C. 30Ω，40Ω

D. 10Ω，35Ω

答案：C

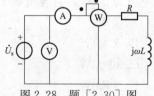

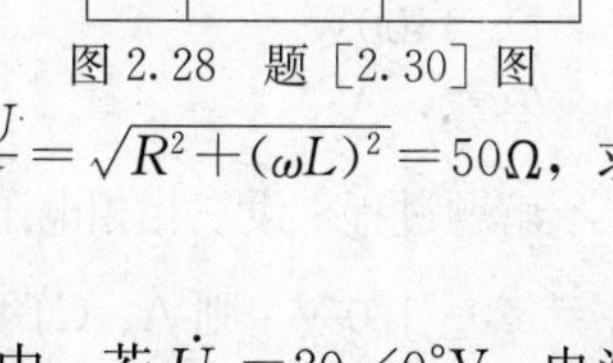

图 2.28 题 [2.30] 图

解题过程：根据图 2.28 可得：$R = \dfrac{P}{I^2} = 30\Omega$，根据 $|Z| = \dfrac{U}{I} = \sqrt{R^2 + (\omega L)^2} = 50\Omega$，求
得 $\omega L = 40\Omega$。

[2.31]（2009 专业基础试题）如图 2.29 所示正弦稳态电路中，若 $\dot{U}_S = 20\angle 0°\mathrm{V}$，电流

表 A 读数为 40A，电流表 A2 的读数为 28.28A，则电流表 A1 和 ωL 的读数为：（　　）

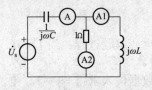

图 2.29　题［2.31］图

A. 11.72A，2Ω

B. 28.28A，1Ω

C. 48.98A，5Ω

D. 15.28A，1.5Ω

答案：B

解题过程：已知电流表 A2 的读数为 28.28A，则电阻上的电压 $U=I_{A2}R=28.28$V，根据图 2.29 可得：$\dot{I}_A=\dot{I}_{A1}+\dot{I}_{A2}\Rightarrow I_{A1}^2+I_{A2}^2=I_A^2\Rightarrow I_{A1}=20\sqrt{2}A=28.28$A，则 $U=\omega L I_{A1}=28.28$V，求得 $\omega L=1$Ω。

［2.32］（2009 专业基础试题）如图 2.30 所示电路中，若电流有效值 $I=2$A，则 I_R 为：（　　）

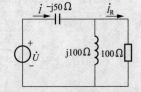

图 2.30　题［2.32］图

A. $\sqrt{3}$A

B. $\sqrt{5}$A

C. $\sqrt{7}$A

D. $\sqrt{2}$A

答案：D

解题过程：根据图 2.30 可得：$\dot{I}_R=\dot{I}\times\dfrac{j100}{100+j100}$，则电流的有效值 $I_R=I\times\dfrac{1}{\sqrt{2}}=2\times\dfrac{1}{\sqrt{2}}=\sqrt{2}$A。

2.2.2　三相交流电路真题

［2.33］（2012 公共基础试题）某三相电路中，三个线电流分别为：$i_A=18\sin(314t+23°)$A，$i_B=18\sin(314t-97°)$A，$i_C=18\sin(314t+143°)$A，当 $t=10$s 时，三个电流之和为：（　　）

A. 18A　　　　　　B. 0A　　　　　　C. $18\sqrt{2}$A　　　　　　D. $18\sqrt{3}$A

答案：B

解题过程：根据题意可知，该三相电路为对称三相电路，因此，任意时刻的三个线电流之和均为 0。

［2.34］（2013，2012，2008，2005 专业基础试题）图 2.31 所示三相对称三线制电路中线电压为 380V，且各负载 $Z=44$Ω，则功率表的读数应为：（　　）

A. 0W

B. 2200W

C. 6600W

D. 4400W

答案：A

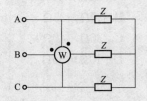

图 2.31　题［2.34］图

解题过程：设三相相电压为：$\dot{U}_A=220\angle0°$V，$\dot{U}_B=220\angle-120°$V，$\dot{U}_C=220\angle120°$V，则 A、C 两相线电压 $\dot{U}_{AC}$ 为：$\dot{U}_{AC}=220\angle0°-220\angle120°=220+110-j190.52=$

$380\angle-30°$V，则 B 相相电流 $\dot{I}_B$ 为：$\dot{I}_B=\dfrac{\dot{U}_B}{Z}=\dfrac{220\angle-120°}{44}=0.5\angle-120°$A，则功率表的功率 P 为：$P=U_{AC}I_B\cos[-30-(-120°)]=380\times0.5\times\cos90°=0$W。

[2.35]（2012，2008，2006 专业基础试题）如图 2.32 所示对称三相电路，线电压为 380V，每相阻抗 $Z=(54+j72)\Omega$，则功率表的读数为：（　　）

A. 334.78W

B. 513.42W

C. 766.75W

D. 997W

答案：A

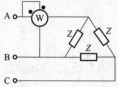

图 2.32　题 [2.35] 图

解题过程：设 $\dot{U}_A=220\angle0°$V，则 $\dot{U}_{AB}=380\angle30°$V。负载进行 △—Y 转换后，计算 A 相电流可得：$\dot{I}_A=\dfrac{\dot{U}_A}{Z/3}=\dfrac{220\angle0°}{18+j24}=\dfrac{22}{3}\angle-53°$A。

根据功率计算公式得：$P=U_{AB}I_A\cos[30-(-53°)]=380\times\dfrac{22}{3}\times\cos83°=334.78$W。

[2.36]（2010 专业基础试题）如图 2.33 所示对称三相电路中，相电压为 200V，$Z=(100\sqrt{3}+j100)\Omega$，功率表 W1 的读数为：（　　）

A. $100\sqrt{3}$W

B. $200\sqrt{3}$W

C. $300\sqrt{3}$W

D. $400\sqrt{3}$W

答案：A

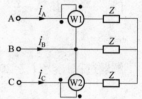

图 2.33　题 [2.36] 图

解题过程：设 $\dot{U}_A=200\angle0°$V，$\dot{U}_B=200\angle-120°$V，$\dot{U}_C=200\angle120°$V，则 $\dot{U}_{AB}=\dot{U}_A-\dot{U}_B=200\angle0°-200\angle-120°=346.41\angle30°$V。根据图 2.33 可求得 A 相相电流：$\dot{I}_A=\dfrac{\dot{U}_A}{Z}=\dfrac{200\angle0°}{100\sqrt{3}+j100}=1\angle-30°$A，功率表 W_1 的读数：$P=U_{AB}I_A\cos[30-(-30°)]=346.41\times1\times\cos60°=173.2$W。

[2.37]（2016 专业基础试题）图 2.34 所示三相对称电路中，$\dfrac{X_1}{R_1}=\dfrac{R_2}{X_2}=\dfrac{1}{\sqrt{3}}$，线电压为正序组，则 $\dot{U}_{mn}$ 的值为：（　　）

A. $380\angle90°$V

B. $220\angle60°$V

C. $380\angle-90°$V

D. $220\angle-60°$V

答案：A

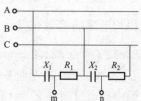

图 2.34　题 [2.37] 图

解题过程：设三相相电压为 $\dot{U}_A=U_P\angle0°$V，$\dot{U}_B=U_P\angle-120°$V，$\dot{U}_C=U_P\angle120°$V，线

电压 $\dot{U}_{AB}=\sqrt{3}U_P\angle 30°\text{V}$，$\dot{U}_{BC}=\sqrt{3}U_P\angle-90°\text{V}$，$\dot{U}_{CA}=\sqrt{3}U_P\angle150°\text{V}$，$\dot{U}_m=\dot{U}_{AB}\dfrac{R_1}{R_1-\mathrm{j}X_1}=$

$\dot{U}_{AB}\dfrac{1}{1-\mathrm{j}\dfrac{X_1}{R_1}}=\sqrt{3}U_P\angle30°\times\dfrac{\sqrt{3}}{2}\angle30°=\dfrac{3}{2}U_P\angle60°$，$\dot{U}_n=\dot{U}_{BC}\dfrac{R_2}{R_2-\mathrm{j}X_2}=\dot{U}_{BC}\dfrac{1}{1-\mathrm{j}\dfrac{X_2}{R_2}}=\sqrt{3}U_P\angle-$

$90°\times\dfrac{1}{2}\angle60°=\dfrac{\sqrt{3}}{2}U_P\angle-30°$，$\dot{U}_{mn}=\dot{U}_m-\dot{U}_n=\dfrac{3}{2}U_P\angle60°-\dfrac{\sqrt{3}}{2}U_P\angle-30°=U_P$

$\left\{\dfrac{3}{2}\times(\cos60°+\mathrm{j}\sin60°)-\dfrac{\sqrt{3}}{2}\times[\cos(-30°)+\mathrm{j}\sin(-30°)]\right\}=\mathrm{j}\sqrt{3}U_P=380\angle90°\text{V}$。

[2.38]（2010，2009 专业基础试题）如图 2.35 所示的三相对称电路，相电压为 200V，$Z_1=Z_L=(150-\mathrm{j}150)\Omega$，$\dot{I}_A$、$\dot{I}_{AC}$ 分别为：（　　）

A. $\sqrt{2}\angle45°\text{A}$，$\sqrt{2}\angle45°\text{A}$

B. $\sqrt{2}\angle-45°\text{A}$，$\dfrac{\sqrt{6}}{6}\angle-15°\text{A}$

C. $\sqrt{2}\angle45°\text{A}$，$\dfrac{\sqrt{6}}{6}\angle15°\text{A}$

D. $-\dfrac{\sqrt{2}}{2}\angle45°\text{A}$，$\dfrac{\sqrt{6}}{6}\angle15°\text{A}$

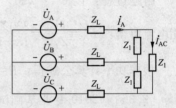

图 2.35　题 [2.38] 图

答案：C

解题过程：设 $\dot{U}_A=200\angle0°\text{V}$，根据图 2.35 可得：$\dot{I}_A=\dfrac{\dot{U}_A}{Z_L+\dfrac{Z_1}{3}}=\dfrac{200\angle0°}{150-\mathrm{j}150+50-\mathrm{j}50}=\dfrac{\sqrt{2}}{2}$

$\angle45°\text{A}$，则三相三角形联结负载中的电流为：$\dot{I}_{AB}=\dfrac{\dot{I}_A}{\sqrt{3}}\angle30°=\dfrac{\sqrt{6}}{6}\angle75°\text{A}$，$\dot{I}_{CA}=\dfrac{\sqrt{6}}{6}\angle195°\text{A}$，

$\dot{I}_{AC}=-\dot{I}_{CA}=\dfrac{\sqrt{6}}{6}\angle15°\text{A}$。

[2.39]（2010 专业基础试题）对称三相电路中，线电压为 380V，三相负载消耗的总的有功功率为 10kW。负载的功率因数为 $\cos\varphi=0.6$，则负载 Z 的值为：（　　）

A. $(4.123+\mathrm{j}6.931)\Omega$　　　　　　B. $(5.198+\mathrm{j}3.548)\Omega$

C. $(5.198+\mathrm{j}4.246)\Omega$　　　　　　D. $(5.198+\mathrm{j}6.931)\Omega$

答案：D

解题过程：已知线电压为 380V，则相电压为 220V，三相电路的有功功率 $P=3UI\cos\varphi$，求得相电流的有效值 $I=\dfrac{P}{3U\cos\varphi}=\dfrac{10\times10^3}{3\times220\times0.6}=25.25\text{A}$，阻抗 $Z=\dfrac{U}{I}\angle\arccos\varphi=\dfrac{220}{25.25}$

$\angle53.13°\Omega=(5.2272+\mathrm{j}6.967)\Omega$。

[2.40]（2014 专业基础试题）三个相等的负载 $Z=(40+\mathrm{j}30)\Omega$，接成星形，其中点与电源中点通过阻抗 $Z_N=(1+\mathrm{j}0.9)\Omega$ 相连接，已知对称三相电源的线电压为 380V，则负载的总功率 P 为：（　　）

A. 1682.2W　　　　B. 2323.2W　　　　C. 1221.3W　　　　D. 2432.2W

答案：B

解题过程：根据题意做出图 2.36，对称三相负载，在中性线上没有电流流过。已知线电压为 380V，则设相电压 $\dot{U}_A=220\angle0°$V，则 A 电流 $\dot{I}_A$ 为：$\dot{I}_A=\dfrac{\dot{U}_A}{Z}=\dfrac{220\angle0°}{40+\text{j}30}=4.4\angle-36.87°$A，则负载的总功率为：$P=3U_AI_A\cos(36.87°)=3\times220\times4.4\times\cos(36.87°)=2323.2$W。

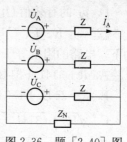

图 2.36　题 [2.40] 图

2.3　考试模拟练习题

[2.41] 已知有效值为 10V 的正弦交流电压的相量图如图 2.37 所示，则它的函数表达式是：（　　）

A. $u(t)=10\sqrt{2}\sin(\omega t-30°)$V

B. $u(t)=10\sin(\omega t-30°)$V

C. $u(t)=10\sqrt{2}\sin(-30°)$V

D. $u(t)=10\sin(-30°)+\text{j}10\sin(-30°)$V

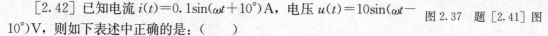

图 2.37　题 [2.41] 图

[2.42] 已知电流 $i(t)=0.1\sin(\omega t+10°)$A，电压 $u(t)=10\sin(\omega t-10°)$V，则如下表述中正确的是：（　　）

A. 电流 $i(t)$ 与电压 $u(t)$ 呈反相关系

B. $\dot{I}=0.1\angle10°$A，$\dot{U}=10\angle-10°$V

C. $\dot{I}=70.7\angle10°$mA，$\dot{U}=-7.07\angle-10°$V

D. $\dot{I}=70.7\angle10°$mA，$\dot{U}=7.07\angle-10°$V

[2.43] 交流电路由 R、L、C 串联而成，其中，$R=10\Omega$，$X_L=8\Omega$，$X_C=6\Omega$。通过该电路的电流为 10A，则该电路的有功功率、无功功率和视在功率分别为：（　　）

A. 1kW，1.6kvar，2.6kVA

B. 1kW，200kvar，1.2kVA

C. 100kW，200kvar，223.6kVA

D. 1kW，200kvar，1.02kVA

[2.44] 图 2.38 所示电路中，若 $u(t)=\sqrt{2}U\sin(\omega t-\varphi_U)$ 时电阻元件上的电压为 0，则下列说法正确的是：（　　）

A. 电感元件断开了

B. 一定有 $I_L=I_C$

C. 一定有 $i_L=i_C$

D. 电感元件被短路了

图 2.38　题 [2.44] 图

[2.45] 图 2.39 所示电路中，设流经电感元件的电流 $i=2\sin(1000t)$A，若 $L=1$mH，则电感电压为：（　　）

A. $u_L=2\sin1000t$

B. $u_L=-2\cos1000t$

C. u_L 的有效值 $U_L=2$

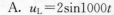

图 2.39　题 [2.45] 图

D. u_L 的有效值 $U_L=1.414$

[2.46] R、L、C 串联电路如图 2.40 所示，在工频电压 $u(t)$ 的激励下，电路的阻抗等于：（　　）

　　A. $R+314L+314C$

　　B. $R+314L+1/314C$

　　C. $\sqrt{R^2+(314L-1/314C)^2}$

　　D. $\sqrt{R^2+(314L+1/314C)^2}$

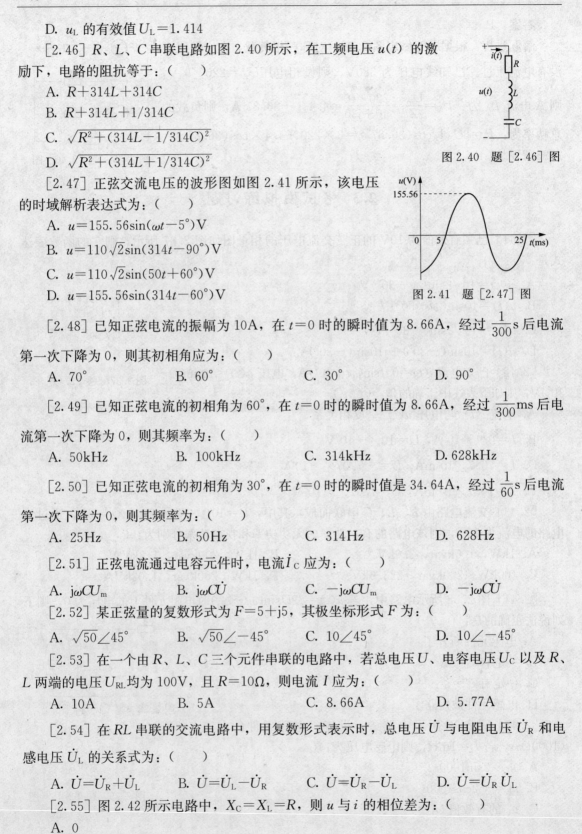

图 2.40　题 [2.46] 图

[2.47] 正弦交流电压的波形图如图 2.41 所示，该电压的时域解析表达式为：（　　）

　　A. $u=155.56\sin(\omega t-5°)$V

　　B. $u=110\sqrt{2}\sin(314t-90°)$V

　　C. $u=110\sqrt{2}\sin(50t+60°)$V

　　D. $u=155.56\sin(314t-60°)$V

图 2.41　题 [2.47] 图

[2.48] 已知正弦电流的振幅为 10A，在 $t=0$ 时的瞬时值为 8.66A，经过 $\dfrac{1}{300}$s 后电流第一次下降为 0，则其初相角应为：（　　）

　　A. 70°　　　　　　B. 60°　　　　　　C. 30°　　　　　　D. 90°

[2.49] 已知正弦电流的初相角为 60°，在 $t=0$ 时的瞬时值为 8.66A，经过 $\dfrac{1}{300}$ms 后电流第一次下降为 0，则其频率为：（　　）

　　A. 50kHz　　　　B. 100kHz　　　　C. 314kHz　　　　D. 628kHz

[2.50] 已知正弦电流的初相角为 30°，在 $t=0$ 时的瞬时值是 34.64A，经过 $\dfrac{1}{60}$s 后电流第一次下降为 0，则其频率为：（　　）

　　A. 25Hz　　　　　B. 50Hz　　　　　C. 314Hz　　　　D. 628Hz

[2.51] 正弦电流通过电容元件时，电流 $\dot{I}_C$ 应为：（　　）

　　A. $j\omega CU_m$　　　　B. $j\omega C\dot{U}$　　　　C. $-j\omega CU_m$　　　　D. $-j\omega C\dot{U}$

[2.52] 某正弦量的复数形式为 $F=5+j5$，其极坐标形式 F 为：（　　）

　　A. $\sqrt{50}\angle 45°$　　　B. $\sqrt{50}\angle -45°$　　　C. $10\angle 45°$　　　D. $10\angle -45°$

[2.53] 在一个由 R、L、C 三个元件串联的电路中，若总电压 U、电容电压 U_C 以及 R、L 两端的电压 U_{RL} 均为 100V，且 $R=10\Omega$，则电流 I 应为：（　　）

　　A. 10A　　　　　　B. 5A　　　　　　C. 8.66A　　　　　D. 5.77A

[2.54] 在 RL 串联的交流电路中，用复数形式表示时，总电压 $\dot{U}$ 与电阻电压 $\dot{U}_R$ 和电感电压 $\dot{U}_L$ 的关系式为：（　　）

　　A. $\dot{U}=\dot{U}_R+\dot{U}_L$　　B. $\dot{U}=\dot{U}_L-\dot{U}_R$　　C. $\dot{U}=\dot{U}_R-\dot{U}_L$　　D. $\dot{U}=\dot{U}_R\dot{U}_L$

[2.55] 图 2.42 所示电路中，$X_C=X_L=R$，则 u 与 i 的相位差为：（　　）

　　A. 0

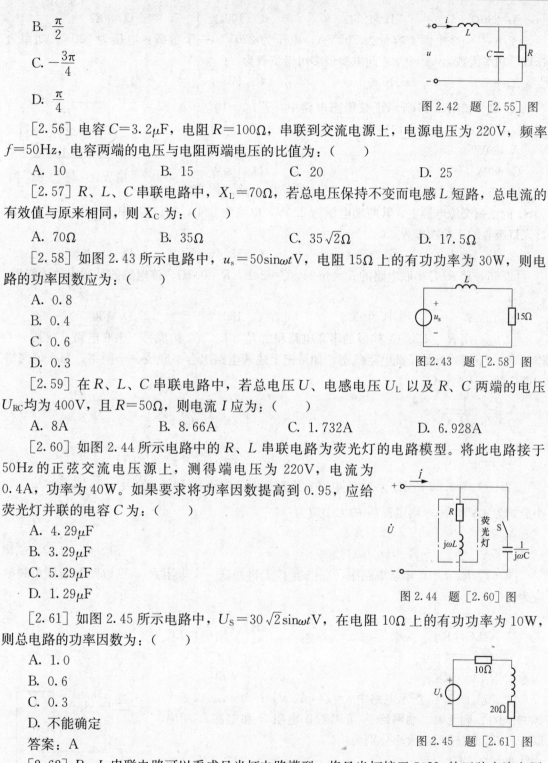

B. $\dfrac{\pi}{2}$

C. $-\dfrac{3\pi}{4}$

D. $\dfrac{\pi}{4}$

图 2.42 题 [2.55] 图

[2.56] 电容 $C=3.2\mu\text{F}$，电阻 $R=100\Omega$，串联到交流电源上，电源电压为 220V，频率 $f=50\text{Hz}$，电容两端的电压与电阻两端电压的比值为：（   ）

    A. 10   B. 15   C. 20   D. 25

[2.57] R、L、C 串联电路中，$X_L=70\Omega$，若总电压保持不变而电感 L 短路，总电流的有效值与原来相同，则 X_C 为：（   ）

    A. 70Ω B. 35Ω C. $35\sqrt{2}\Omega$ D. 17.5Ω

[2.58] 如图 2.43 所示电路中，$u_s=50\sin\omega t\text{V}$，电阻 15Ω 上的有功功率为 30W，则电路的功率因数应为：（   ）

    A. 0.8

    B. 0.4

    C. 0.6

    D. 0.3

图 2.43 题 [2.58] 图

[2.59] 在 R、L、C 串联电路中，若总电压 U、电感电压 U_L 以及 R、C 两端的电压 U_{RC} 均为 400V，且 $R=50\Omega$，则电流 I 应为：（   ）

    A. 8A   B. 8.66A   C. 1.732A   D. 6.928A

[2.60] 如图 2.44 所示电路中的 R、L 串联电路为荧光灯的电路模型。将此电路接于 50Hz 的正弦交流电压源上，测得端电压为 220V，电流为 0.4A，功率为 40W。如果要求将功率因数提高到 0.95，应给荧光灯并联的电容 C 为：（   ）

    A. $4.29\mu\text{F}$

    B. $3.29\mu\text{F}$

    C. $5.29\mu\text{F}$

    D. $1.29\mu\text{F}$

图 2.44 题 [2.60] 图

[2.61] 如图 2.45 所示电路中，$U_s=30\sqrt{2}\sin\omega t\text{V}$，在电阻 10Ω 上的有功功率为 10W，则总电路的功率因数为：（   ）

    A. 1.0

    B. 0.6

    C. 0.3

    D. 不能确定

答案：A

图 2.45 题 [2.61] 图

[2.62] R、L 串联电路可以看成日光灯电路模型。将日光灯接于 50Hz 的正弦交流电压源上，测得端电压为 220V，电流为 0.4A，功率为 40W。那么，该日光灯的等效电阻 R 的值为：（   ）

A. 250Ω   B. 125Ω   C. 100Ω   D. 50Ω

[2.63] 一个电源：容量为 20kVA，电压为 220V。一个负载：电压为 220V，功率为 4kW，功率因数 $\cos\varphi=0.8$。此电源最多可带负载为：（   ）

A. 8   B. 6   C. 4   D. 3

[2.64] 如图 2.46 所示正弦稳态电路中，若 $\dot{I}_s=10\angle0°$A，$\dot{I}=4\angle60°$A，则 Z_L 消耗的平均功率 P 为：（   ）

A. 80W   B. 85W

C. 90W   D. 100W

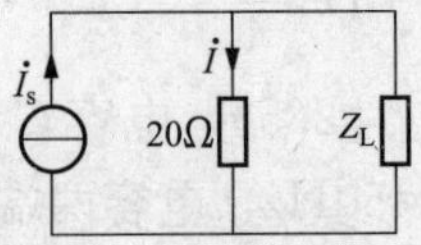

图 2.46 题 [2.64] 图

[2.65] 日光灯等效电路为一 R、L 串联电路，将日光灯接于 50Hz 的正弦交流电源上，其两端电压为 220V，电流为 0.4A，有功功率为 40W，那么，该日光灯吸收的无功功率为：（   ）

A. 78.4var   B. 68.4var   C. 58.4var   D. 48.4var

[2.66] 某 RLC 串联电路的 $L=3$mH，$C=2\mu$F，$R=0.2\Omega$。该电路的品质因数近似为：（   ）

A. 198.7   B. 193.7   C. 190.7   D. 180.7

[2.67] 由 R_1、L_1、C_1 构成的串联电路和由 R_2、L_2、C_2 构成另一串联电路，在某一工作频率 f_1 下皆对外处于纯电阻状态，如果把上述两电路组合串联成一个网络，那么该网络的谐振频率 f 为：（   ）

A. $\dfrac{1}{2\pi\sqrt{L_2C_1}}$ B. $\dfrac{1}{2\pi\sqrt{L_1C_2}}$

C. $\dfrac{1}{2\pi\sqrt{L_1C_1}}$ D. $\dfrac{1}{2\pi\sqrt{(L_1C_2)(L_1C_2)}}$

[2.68] 图 2.47 所示正弦电流电路发生谐振时，电流 $\dot{I}_1$ 和 $\dot{I}_2$ 的大小分别为 4A 和 3A，则电流 $\dot{I}_3$ 的大小应为：（   ）

A. 7A   B. 1A

C. 5A   D. 0A

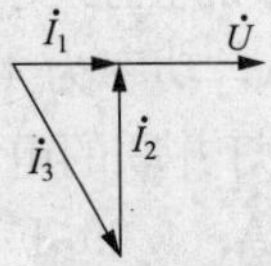

图 2.47 题 [2.68] 图

[2.69] R、L、C 串联电路中，在电容 C 上再并联一个电阻 R_1，则电路的谐振角频率应为：（   ）

A. $\sqrt{\dfrac{1}{LC}-\dfrac{1}{R_1^2C^2}}$ B. $\sqrt{\dfrac{1}{R_1^2C^2}-\dfrac{1}{LC}}$

C. $\sqrt{\dfrac{1}{LC}+\dfrac{1}{R_1^2C^2}}$ D. $\sqrt{\dfrac{R_1}{LC}}$

[2.70] 图 2.48 所示电路中 $u=24\sin\omega t$V，$i=4\sin\omega t$A，$\omega=2000$rad/s，则无源二端网络 N 可以看作电阻 R 和电感 L 相串联，且 R 和电感 L 的大小分别为：（   ）

A. 2Ω，4H   B. 2Ω，2H

C. 4Ω，1H   D. 4Ω，4H

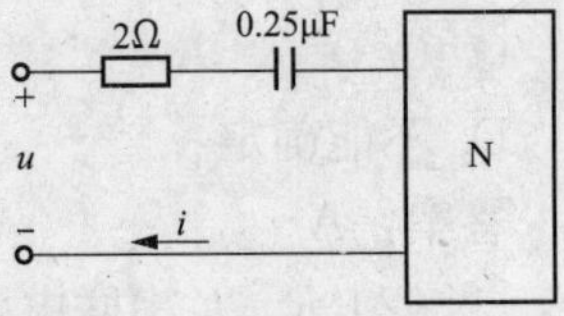

图 2.48 题 [2.70] 图

[2.71] 图 2.49 所示电路中，若电压 $u(t)=100\sqrt{2}\sin(10000t)+30\sqrt{2}\sin(30000t)$V，$u_1$

(t) 为：（　　）

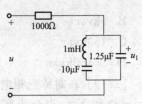

图 2.49　题 [2.71] 图

A. $30\sqrt{2}\sin(30000t)\,\mathrm{V}$

B. $100\sqrt{2}\sin(10000t)\,\mathrm{V}$

C. $30\sqrt{2}\sin(30t)\,\mathrm{V}$

D. $100\sqrt{2}\sin(10t)\,\mathrm{V}$

[2.72] R、L、C 串联电路中，在电感 L 上再并联一个电阻 R_1，则电路的谐振频率将：
（　　）

A. 升高　　　　　　B. 不能确定　　　　　C. 不变　　　　　　D. 降低

[2.73] 如图 2.50 所示的正弦交流电路中，若 $\dot{U}_\mathrm{S}=20\angle 0°\mathrm{V}$，
$\omega=1000\,\mathrm{rad/s}$，$R=10\Omega$，$L=1\mathrm{mH}$。当 L 和 C 发生并联谐振时，C
为：（　　）

A. $3000\mu\mathrm{F}$　　　　　　　　　B. $2000\mu\mathrm{F}$

C. $1500\mu\mathrm{F}$　　　　　　　　　D. $1000\mu\mathrm{F}$

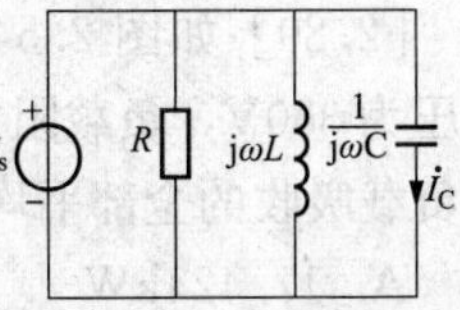

图 2.50　题 [2.73] 图

[2.74] 由电阻 $R=100\Omega$ 和电感 $L=1\mathrm{H}$ 组成串联电路。已知电源电压为 $u_\mathrm{S}(t)=100\sqrt{2}$
$\sin(100t)\,\mathrm{V}$，那么该电路的电流 $i(t)$ 为：（　　）

A. $\sqrt{2}\sin(100t+45°)\,\mathrm{A}$　　　　　　B. $\sqrt{2}\sin(100t-45°)\,\mathrm{A}$

C. $\sin(100t+45°)\,\mathrm{A}$　　　　　　D. $\sin(100t-45°)\,\mathrm{A}$

[2.75] 已知三相电路中三相电源对称，$Z_1=z_1\angle\varphi_1$，$Z_2=z_2\angle\varphi_2$，$Z_3=z_3\angle\varphi_3$，若
$U_{NN'}=0$，则 $z_1=z_2=z_3$，则：（　　）

A. $\varphi_1=\varphi_2=\varphi_3$

B. $\varphi_1-\varphi_2=\varphi_2-\varphi_3=\varphi_3-\varphi_1=120°$

C. $\varphi_1-\varphi_2=\varphi_2-\varphi_3=\varphi_3-\varphi_1=-120°$

D. N' 必须接地

[2.76] 如图 2.51 所示，已知 $Z=38\angle-30°\Omega$，线电压 $\dot{U}_{BC}=380\angle$
$-90°\mathrm{V}$，则线电流 $\dot{I}_A$ 为：（　　）

A. $5.77\angle-30°$　　　　　　B. $5.77\angle90°$

C. $17.32\angle30°$　　　　　　D. $17.32\angle90°$

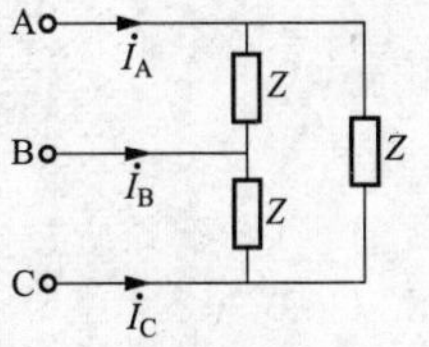

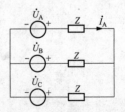

图 2.51　题 [2.76] 图

[2.77] 图 2.52 所示三相电路中，三相电源电压有效值为 U，Z 为已
知，则 $\dot{I}_A$ 为：（　　）

A. $\dfrac{\dot{U}_A}{Z}$

B. 0

C. $\dfrac{\sqrt{3}\dot{U}_A}{Z}$

D. $\dfrac{\dot{U}_A}{Z}\angle120°$

图 2.52　题 [2.77] 图

[2.78] 如图 2.53 所示电路在开关 S 闭合时为三相对称电路，图中电流表的读数均为
30A，$Z=(10-j10)\Omega$。开关 S 闭合时，三个负载 Z 的总无功功率为：（　　）

A. $-9\mathrm{kvar}$

B. 9kvar

C. 150kvar

D. −150kvar

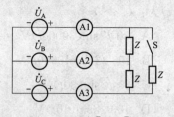

[2.79] 在对称三相电路中，星形连接，每相负载由电阻 $R=60\Omega$ 和 $X_L=80\Omega$ 串联而成，电源线电压为 $U_{AB}(t)=380\sqrt{2}\sin(314t+30°)$V，则 A 相负载的线电流为：（　　）

图 2.53　题 [2.78] 图

A. $2.2\sqrt{2}\sin(314t+37°)$A　　　　　B. $2.2\sqrt{2}\sin(314t-37°)$A

C. $2.2\sqrt{2}\sin(314t-53.13°)$A　　　D. $2.2\sqrt{2}\sin(314t+53.13°)$A

[2.80] 如图 2.54 所示对称三相电路中，已知线电压为 380V，负载阻抗 $Z_1=-j12\Omega$，$Z_2=3+j4\Omega$，三相负载吸收的全部平均功率 P 为：（　　）

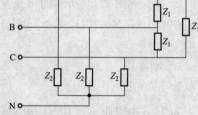

A. 17.424kW

B. 13.068kW

C. 5.808kW

D. 7.424kW

图 2.54　题 [2.80] 图

[2.81] 三相五线供电机制下，单相负载 A 的外壳引出线应为：（　　）

A. 保护接地　　　　B. 保护接中　　　　C. 悬空二　　　　D. 保护接 PE 线

2.3 考试模拟练习题参考答案

第3章 变 压 器

本章主要介绍变压器。公共基础考试大纲要求掌握的内容：理想变压器诸元件的定义、性质；理想变压器；变压器的电压变换、电流变换和阻抗变换原理。专业基础考试大纲要求掌握的内容：变压器额定值的含义及作用、工作原理、电压调整率的定义；需要了解的内容：变压器的结构特点、变比及参数测定方法、电动势平衡方程、效率的计算、变压器结构对谐波电流和谐波磁通的影响、变压器组联结方式、冷却方式、允许温升等。变压器部分专业考试要求掌握的内容和难度《电工与电子技术》教材无法达到，建议进一步学习《电机学》教材中的变压器相关内容。

3.1 知 识 点 解 析

3.1.1 变压器的基本结构

变压器是利用电磁感应原理从一个电路向另一个电路传递电能或传输信号的一种电器。变压器的主要部件是一个铁芯和两个线圈。变压器的铁芯是用硅钢片叠压而成的闭合磁路，按照铁芯结构的不同，可分为心式和壳式两种。变压器中与电源连接的绕组称为原绕组或一次绕组，它从电源吸收电能；与负载连接的绕组称为副绕组或二次绕组，它输出电能给负载。

3.1.2 变压器的额定数据

变压器的额定值是制造厂根据设计或实验数据的规定值，标注在铭牌上。

1. 额定容量 $S_N(kVA)$

额定容量指额定运行状态下变压器所能输送视在功率，它表明变压器传输电能的大小。

单相变压器：$S_N = U_{1N}I_{1N} = U_{2N}I_{2N}$；三相变压器：$S_N = \sqrt{3}U_{1N}I_{1N} = \sqrt{3}U_{2N}I_{2N}$。

2. 额定电压 $U_N(kV)$

变压器的额定电压是指变压器在额定容量下长时间运行时所能承受的工作电压。U_{1N}规定加到一次侧的电压；U_{2N}二次侧空载时的端电压。三相变压器的额定电压均指线电压。

3. 额定电流 $I_N(A)$

额定电流指变压器在额定容量下允许长期通过的工作电流。额定电流时的负载称额定负载。三相变压器的额定电流均指线电流。

4. 额定频率

变压器工作时铁芯中的磁通大小直接和电源的频率有关。

3.1.3 变压器的工作原理

1. 电压变换

$$\frac{U_1}{U_2} \approx \frac{E_1}{E_2} = \frac{N_1}{N_2} = K$$

2．电流变换

$$\frac{I_1}{I_2} \approx \frac{N_2}{N_1} = \frac{1}{K}$$

3．阻抗变换

$$|Z'_L| = \frac{U_1}{I_1} = \frac{KU_2}{\frac{1}{K}I_2} = K^2 \frac{U_2}{I_2} = K^2 |Z_L|$$

4．电压调整率

$\Delta U\% = \frac{U_{20} - U_2}{U_{20}} \times 100\%$，电力变压器的电压调整率一般为 5%。

5．效率

$$\eta = \frac{P_2}{P_1} \times 100\% = \frac{P_2}{P_2 + \Delta P_{Cu} + \Delta P_{Fe}} \times 100\%$$

3.2 考试真题分析

[3.1]（2010公共基础试题）在图 3.1 中，线圈 a 的电阻为 R_a，线圈 b 的电阻为 R_b，两者彼此靠近如图 3.1 所示，若外加激励 $u = U_M \sin\omega t$，则：（   ）

A．$i_a = \frac{u}{R_a}$，$i_b = 0$

B．$i_a \neq \frac{u}{R_a}$，$i_b \neq 0$

C．$i_a = \frac{u}{R_a}$，$i_b \neq 0$

D．$i_a \neq \frac{u}{R_a}$，$i_b = 0$

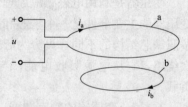

图 3.1　题 [3.1] 图

答案：B

解题过程：线圈 a 的作用电源 u 是变化量，则电流 i_a 就会产生变化的磁通，该磁通同时与线圈 a，b 交链，由此在线圈 b 中产生感应电动势，产生电流 i_b。

[3.2]（2014公共基础试题）有一理想变压器能将 100V 电压升高到 3000V，先将一导线绕过其铁芯，示三相电路中，两端接到电压表上（见图 3.2），此电压表的读数是 0.5V，则此变压器一次绕组的匝数 n_1 和二次绕组的匝数 n_2 分别为：（   ）

A．100，3000

B．200，6000

C．100，6000

D．200，3000

答案：B

解题过程：1 根导线绕过变压器铁芯相当于 1 匝绕组，根据题意可得 1 匝绕组的电压为 0.5V。因此，一次侧 100V 电压所需绕组的匝数为 $n_1 = 100/0.5 = 200$；二次侧 3000V 电压所需绕组的匝数为 $n_2 = 3000/0.5 = 6000$。

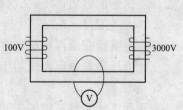

图 3.2　题 [3.2] 图

[3.3]（2011 公共基础试题）如图 3.3 所示理想变压器电路中，已知负载电阻 $R=\dfrac{1}{\omega C}$，则输入端电流 i 与输入端电压 u 之间的相位差为：（　　）

A. $-\dfrac{\pi}{2}$

B. $\dfrac{\pi}{2}$

C. $-\dfrac{\pi}{4}$

D. $\dfrac{\pi}{4}$

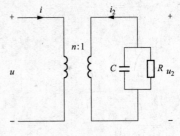

图 3.3　题 [3.3] 图

答案：D

解题过程：根据题意，结合理想变压器的特性，据图 3.3 可得：$\dot U=n\dot U_2$，$\dot I=-\dfrac{1}{n}\dot I_2$。

$$\dot u = m\dot i_2$$

$$\dot i = -\frac{1}{n}\dot i_2$$

$$\dot I_1 = 1\underline{/0^\circ} - \frac{\dot U_1}{2}$$

$$\dot i_2 = -\frac{\dot u_2}{R\ //\ \dfrac{1}{\mathrm{j}\omega C}} = \frac{\dot u_2}{\dfrac{-\mathrm{j}R\dfrac{1}{\omega C}}{R - \mathrm{j}\dfrac{1}{\omega C}}} = -\frac{\sqrt{2}\,\dot u_2}{R\underline{/-45^\circ}}$$

根据以上四式可求得

$$-m\dot i = -\frac{\sqrt{2}\,\dfrac{\dot u}{n}}{R\underline{/-45^\circ}} \Rightarrow \dot i\ \frac{\sqrt{2}\,\dfrac{\dot u}{n^2}}{R\underline{/-45^\circ}} = \sqrt{2}\,\frac{\dot u}{n^2 R}\underline{/-45^\circ}$$

[3.4]（2012 公共基础试题）图 3.4 所示电路中，$\dot U_1$ 为：（　　）

A. $5.76\angle 51.36^\circ\mathrm{V}$ 　　　　　　　B. $5.76\angle 38.65^\circ\mathrm{V}$

C. $2.88\angle 51.36^\circ\mathrm{V}$ 　　　　　　　D. $2.88\angle 38.65^\circ\mathrm{V}$

答案：B

解题过程：根据题意，结合理想变压器的特性，据图 3.4 可得：$\dot U_1=2\dot U_2$，$\dot I_1=-\dfrac{1}{2}$ $\dot I_2$，$\dot I_1=1\angle0^\circ-\dfrac{\dot U_1}{2}$，$\dot I_2=5\angle53.1^\circ-\dfrac{\dot U_2}{4.5}$，根据以上四式可求得 $\dot U_1=(5+\mathrm{j}4)\times0.9\mathrm{V}\approx5.76$ $\angle38.65^\circ\mathrm{V}$。

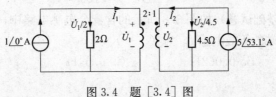

图 3.4　题 [3.4] 图

[3.5]（2016公共基础试题）如图3.5所示变压器空载运行电路中，设变压器为理想器件，若 $u=\sqrt{2}U\sin\omega t$，则此时：（   ）

A. $\dfrac{U_2}{U_1}=2$

B. $\dfrac{U}{U_2}=2$

C. $u_1=0$，$u_2=0$

D. $\dfrac{U}{U_1}=2$

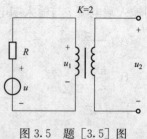

图3.5 题[3.5]图

答案：B

解题过程：根据题意和题[3.5]图可得：变压器空载运行，因此变压器一次绕组电压等于电源电压，则 $\dfrac{U}{U_2}=K=2$。

[3.6]（2013公共基础试题）图3.6所示电路中，理想变压器 $u=10\sqrt{2}\sin\omega t\,\mathrm{V}$，则：（   ）

A. $U_1=\dfrac{1}{2}U$，$U_2=\dfrac{1}{4}U$

B. $I_1=0.01U$，$I_2=0$

C. $I_1=0.002U$，$I_2=0.004U$

D. $U_1=0$，$U_2=0$

答案：C

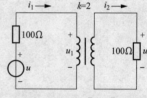

图3.6 题[3.6]图

解题过程：根据题意和题3.6图中的方向可得：$\dfrac{U_1}{U_2}=K=2$，$\dfrac{I_1}{I_2}=\dfrac{1}{K}=\dfrac{1}{2}$，$U=U_1+100I_1$，$U_2=100I_2$。联立以上四式求得：$U_1=0.8U$，$U_2=0.8U$，$I_1=0.002U$，$I_2=0.004U$。

[3.7]（2009公共基础试题）在信号源和电阻 R_L 之间插入一个理想变压器，如图3.7所示，若电压表和电流表的读数分别为100V和2A，则信号源供出电流的有效值为：（   ）

A. 0.4A

B. 10A

C. 0.28A

D. 7.07A

答案：A

解题过程：根据变压器功率关系式 $P_1=U_1I_1$，$P_2=U_2I_2$，信号源供出电流为 I_1，计

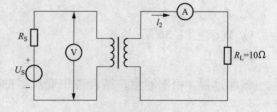

图3.7 题[3.7]图

算如下：$U_2=I_2R_2=10\times2\,\mathrm{V}=20\mathrm{V}$，$I_1=I_2\dfrac{U_2}{U_1}=2\times\dfrac{20}{100}=0.4\mathrm{A}$。

[3.8]（2011专业基础试题）如图3.8所示的含耦合电感电路中，已知 $L_1=0.1\mathrm{H}$，$L_2=0.4\mathrm{H}$，$M=0.12\mathrm{H}$。ab端的等效电感 L_ab 为（   ）

A. 0.064H   B. 0.062H   C. 0.64H   D. 0.62H

答案：A

解题过程：根据图 3.8 可得：

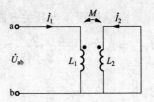

图 3.8   题 [3.8] 图

$$\begin{cases} \dot{U}_{ab} = j\omega L_1 \dot{I}_1 + j\omega M \dot{I}_2 \\ 0 = j\omega L_2 \dot{I}_2 + j\omega M \dot{I}_1 \end{cases}$$

则：

$$\begin{cases} \dot{U}_{ab} = j\omega \times 0.1 \dot{I}_1 + j\omega \times 0.12 \dot{I}_2 \\ \dot{I}_2 = -0.3 \dot{I}_1 \end{cases}$$

整理上式可得 $Z_{in} = \dfrac{\dot{U}_{ab}}{\dot{I}_1} = j\omega \times 0.064\Omega$，因此，$L_{ab} = 0.064H$。

[3.9]（2010 专业基础试题）如图 3.9 所示电路的谐振频率 f 为：（   ）

A. 79.58Hz   B. 238.74Hz   C. 159.16Hz   D. 477.48Hz

答案：A

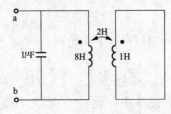   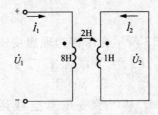

图 3.9   题 [3.9] 图   图 3.10   题 [3.9] 求解图

解题过程：根据图 3.10 可得：

$$\begin{cases} \dot{U}_1 = j\omega L_1 \dot{I}_1 + j\omega M \dot{I}_2 \\ 0 = \dot{U}_2 = j\omega L_2 \dot{I}_2 + j\omega M \dot{I}_1 \end{cases}$$

$$\Rightarrow \dot{U}_1 = \dot{I}_1 \left(j\omega L_1 - j\omega \frac{M^2}{L_2} \right) X_{eq} = \frac{\dot{U}_1}{\dot{I}_1} = j\omega \left(L_1 - \frac{M^2}{L_2} \right)$$

电容 C 与耦合电感电路发生并联谐振，根据谐振条件有：

$$j\omega \left(L_1 - \frac{M^2}{L_2} \right) = j\frac{1}{\omega C}$$

$$\Rightarrow \omega = \frac{1}{\sqrt{\left(L_1 - \dfrac{M^2}{L_2} \right)C}} = 500 \text{rad/s} = 2\pi f \Rightarrow f = 79.58 \text{Hz}$$

[3.10]（2009 专业基础试题）如图 3.11 所示的含耦合电感的正弦稳态电路，开关 S 断
开时，$\dot{U}$ 为：（   ）

A. $10\sqrt{2}\angle 45°\text{V}$

B. $-10\sqrt{2}\angle 45°\text{V}$

C. $10\sqrt{2}\angle 30°\text{V}$

D. $-10\sqrt{2}\angle 30°\text{V}$

答案：A

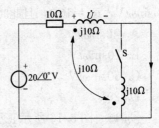

图 3.11   题 [3.10] 图

解题过程：当开关 S 断开时，设电流为 $I\angle\theta$。根据图 3.11 可得：$20\angle 0° = (10+\mathrm{j}10)\times I\angle\theta \Rightarrow I\angle\theta = \dfrac{20\angle 0°}{10\sqrt{2}\angle 45°} = \sqrt{2}\angle -45°\,\mathrm{A}$，$\dot{U} = \mathrm{j}10\times I\angle\theta = \mathrm{j}10\times\sqrt{2}\angle -45° = 10\sqrt{2}\angle 45°\,\mathrm{V}$。

3.3 考试模拟练习题

[3.11] 某单相变压器原边信号源内阻 $R_\mathrm{S}=600\Omega$，现要求副边负载 $R_\mathrm{L}=6\Omega$ 获得最大功率，此变压器的变比应为（　　）。

A. 10：1　　　　　B. 6：1　　　　　C. 100：1　　　　　D. 1：10

[3.12] 图 3.12 所示一端口电路的等效阻抗为：（　　）

A. $\mathrm{j}\omega(L_1+L_2+2M)$

B. $\mathrm{j}\omega(L_1+L_2-2M)$

C. $\mathrm{j}\omega(L_1+L_2)$

D. $\mathrm{j}\omega(L_1-L_2)$

图 3.12　题 [3.12] 图

[3.13] 图 3.13 所示变压器为理想变压器，且 $N_1=100$ 匝，若希望 $I_1=1\mathrm{A}$ 时，$P_0=40\mathrm{W}$，则 N_2 应为：（　　）

A. 50 匝　　　　　B. 200 匝　　　　　C. 25 匝　　　　　D. 400 匝

[3.14] 如图 3.14 所示变压器空载运行电路中，设变压器为理想器件，若 $u=\sqrt{2}U\sin\omega t$，则此时：（　　）

A. $U_1=\dfrac{\omega LU}{\sqrt{R^2+(\omega L)^2}}$，$U_2=0$　　　　B. $U_1=U$，$U_2=\dfrac{1}{2}U_1$

C. $U_1\neq U$，$U_2=\dfrac{1}{2}U_1$　　　　D. $U_1=U$，$U_2=2U_1$

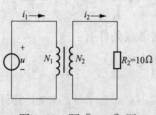

图 3.13　题 [3.13] 图

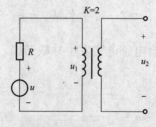

图 3.14　题 [3.14] 图

[3.15] 在信号源（u_S，R_S）和电阻 R_L 之间接入一个理想变压器，如图 3.15 所示，若 $u_\mathrm{S}=80\sin\omega t\,\mathrm{V}$，$R_\mathrm{L}=10\Omega$，且此时信号源输出功率最大，那么，变压器的输出电压 u_2 等于：（　　）

A. $40\sin\omega t\,\mathrm{V}$

B. $20\sin\omega t\,\mathrm{V}$

C. $80\sin\omega t\,\mathrm{V}$

D. $20\mathrm{V}$

[3.16] 图 3.16 所示正弦电流电路中，$L_1=L_2=10\mathrm{H}$，$C=1000\mu\mathrm{F}$，$M=6\mathrm{H}$，$R=15\Omega$，电源的角频率 $\omega=10\mathrm{rad/s}$，则

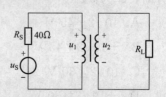

图 3.15　题 [3.15] 图

其输入端阻抗Z_{ab}为：（　　）

A.（36−j15）Ω　　　　B.（15−j36）Ω　　　　C.（36+j15）Ω　　　　D.（15+j36）Ω

[3.17] 如图 3.17 所示的电路中，端口 $1-1'$ 的开路电压为：（　　）

A. $-5\sqrt{2}\angle 45°V$ 　　　　　　　　B. $5\sqrt{2}\angle 45°V$

C. $-5\sqrt{2}\angle -45°V$ 　　　　　　　D. $5\sqrt{2}\angle -45°V$

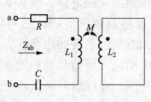
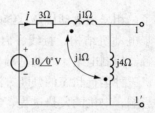

图 3.16　题［3.16］图　　　　图 3.17　题［3.17］图

3.3 考试模拟练习题参考答案

第4章 电动机及继电接触器控制电路

本章主要介绍了三相异步电动机及其继电器接触器控制电路。公共基础考试大纲要求掌握的内容：三相异步电动机结构、接线、启动、反转及调速方法；三相异步电动机运行特性；简单继电器接触器控制电路。专业基础考试大纲要求掌握的内容：①了解电动机的种类及主要结构，电动机三种运行状态的判断方法，电动机常用的起动和调速方法，转子电阻对电动机转动性能的影响，电机的发热过程、绝缘系统、允许温升及其确定、冷却方式，电动机拖动的形式及各自的特点，电动机运行及维护工作要点；②掌握电动机转矩、额定功率、转差率的概念及其等效电路，电动机的工作特性，电动机的起动特性。电动机部分专业考试要求掌握的内容和难度《电工与电子技术》教材无法达到，建议进一步学习《电机学》教材中的感应电动机相关内容。专业考试同步电机的内容，《电工与电子技术》教材没有涉及，本章没有介绍。

4.1 知 识 点 解 析

4.1.1 电动机

1. 基本知识

（1）结构：三相异步电动机由定子和转子构成。根据转子构造的不同分为鼠笼型和绕线型两种。

（2）额定值。

1）型号。表示电动机的类型、用途和技术特征的代号。

2）额定功率。电动机在额定运行状态下，轴上输出的机械功率 P_{2N}，$P_{2N} = \sqrt{3} U_N I_N \cos\varphi\eta$。

3）额定效率。输出功率与电动机从电源输入的功率的比值，$\eta = \dfrac{P_{2N}}{P_{1N}} \times 100\%$。

4）功率因数。电动机在额定状态下运行时定子侧的功率因数。

5）额定频率。定子绕组上的电源频率，我国工业用电的标准频率为 50Hz。

6）额定电压。额定运行时，定子绕组上应加的电源线电压值 U_N。

7）额定电流。电动机在额定运行时，定子绕组的线电流值。

8）接法。电动机在额定运行时定子绕组应采取的连接方式，有星形（Y）连接和三角形（△）连接两种。

9）额定转速。额定运行时电动机每分钟的转数 n_N。

10）绝缘等级。电动机绕组所用的绝缘材料按使用时的最高允许温度而划分的不同等级。

（3）同步转速。旋转磁场的转速称为同步速度，$n_0 = \dfrac{60 f_1}{p}$。

（4）转差率。异步电动机的 n_0 与 n 之差的程度用转差率 s 来表征，即 $s = \dfrac{n_0 - n}{n_0}$。

2. 机械特性

（1）电磁转矩。

$$T = K'_T U_1^2 \frac{sR_2}{R_2^2 + (sX_{20})^2}$$

（2）额定转矩。

$$T_N = 9550 \frac{P_{2N}}{n_N} (\text{N} \cdot \text{m})$$

（3）最大转矩。

$$T_m = K'_T U_1^2 \frac{1}{2X_{20}}$$

（4）过载系数。

$$\lambda_m = \frac{T_m}{T_N}$$

（5）启动转矩。

$$T_{st} = K'_T U_1^2 \frac{R_2}{R_2^2 + X_{20}^2}$$

（6）启动系数。

$$\lambda_s = \frac{T_{st}}{T_N}$$

3. 电动机的启动

（1）启动方法。直接启动和降压启动。

（2）降压启动。

1）星形—三角形（Y-△）换接启动：电动机在工作时定子绕组是连接成三角形的，在启动时可把它接成星形，等到转速接近额定值时再换接成三角形连接。启动时 $T_{stY} = \frac{1}{3} T_{st\triangle}$，$I_{stY} = \frac{1}{3} I_{st\triangle}$。

2）自耦降压启动。利用三相自耦变压器将电动机在启动过程中的端电压降低，$T'_{st} = \frac{1}{K^2} T_{st}$，$I'_{st} = \frac{1}{K^2} I_{st}$。

4. 电动机的调速

（1）变频调速。通过改变三相异步电动机定子绕组的供电频率 f_1 来改变同步转速 n_0 而实现调速的目的。

（2）变极调速。在多速电动机上通过改变定子绕组的接线方式从而改变磁极对数来实现调速的目的。

（3）变转差率调速。在绕线型电动机的转子电路中接入一个调速电阻，改变电阻的大小，就可实现平滑调速。

4.1.2　继电接触器控制电路

1. 常用低压电器

（1）分类。控制电器和保护电器。

（2）控制电器。组合开关、行程开关、按钮、交流接触器、时间继电器等。

（3）保护电器。熔断器、热继电器等。

2. 基本控制电路

（1）长动控制。如图 4.1 所示，合上开关 Q，为电机启动做好准备。按下启动按钮 SB2，控制电路中接触器 KM 线圈通电，其主触点闭合，电动机 M 通电并启动。松开 SB2，由于线圈 KM 通电时其常开辅助触点 KM 也同时闭合，所以线圈通过闭合的辅助触点 KM 仍然继续通电，从而使其所属常开触点保持闭合状态。与 SB2 并联的常开触点 KM 叫自锁触点。按下 SB1，KM 线圈断电，接触器动铁芯释放，各触点恢复常态，电动机停转。

（2）正反转控制。如图 4.2 所示：①正转：按下 SB_F，KM_F 线圈得电，KM_F 主触点吸合，电机正转，KM_F 辅助触点吸合自锁。按下 SB1 线圈失电，KM_F 主辅触头复位—电机停转。②反转：按下 SB_R，KM_R 线圈得电，KM_R 主触点吸合，电机反转，KM_R 辅助触点吸合、自锁。按下 SB1，KM_R 线圈失电，主、辅触头复位，电机停转。正转接触器 KM_F 的常闭辅助触点串接在反转接触器 KM_R 的线圈回路中；而反转接触器的一个常闭辅助触点串接在正转接触器 KM_F 的线圈回路中，形成互锁，使 KM_F 和 KM_R 不会同时得电，实现电路的保护。

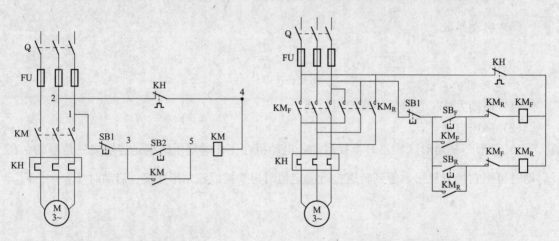

图 4.1　长动控制电路　　　　　　　　图 4.2　正反转控制

（3）顺序启动。图 4.3 的电路中，SB_{st1}，SB_{stp1} 分别为 M1 的启动和停止按钮，SB_{st2}，

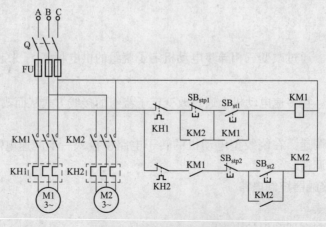

图 4.3　顺序启动控制电路

SB_{stp2} 分别为 M2 的启动和停止按钮。M1 是需要先启动的电动机，M2 是需要后启动的电动机，它们分别由接触器 KM1 和 KM2 控制。由于 KM1 的辅助常开触点串在 KM2 线圈的控制回路中，所以只有 M1 启动后，M2 才能启动。KM2 的辅助常开触点并联在 KM1 的停止按钮 SB_{stp1} 两端，所以只有 M2 停止后才能停止 M1。

4.2　考 试 真 题 分 析

4.2.1　电动机真题

[4.1]（2016 公共基础试题）设某△接三相异步电动机的全压启动转矩为 66N·m，当使用丫-△降压启动方案时，当分别带 10N·m，20N·m，30N·m，40N·m，的负载启动时，下列说法正确的是：（　　）

A. 均能正常启动

B. 均无法正常启动

C. 前两者能正常启动，后两者无法正常启动

D. 前三者能正常启动，后者无法正常启动

答案：C

解题过程：星—三角（丫-△）降压启动的启动转矩为全压时的 $\frac{1}{3}$。本题中，启动转矩为：$\frac{1}{3}T_{st} = \frac{1}{3} \times 66 = 22N·m$，因此可以带 10N·m，20N·m 负载启动。

[4.2]（2010 公共基础试题）若希望实现三相异步电动机的向上向下平滑调速，则应采用：（　　）

A. 串转子电阻调速方案　　　　　　　B. 串定子电阻调速方案

C. 调频调速方案　　　　　　　　　　D. 变磁极对数调速方案

答案：C

解题过程：三相异步电动机的转速关系如下：旋转磁场转速 $n_0 = \frac{60f_1}{P}$，转子转速 $n = (1-s)n_0$，其中，转差率 s 为 0.01～0.09。通常改变转差率 s（即改变转子电阻）用于电动机减速，改变磁极对数 P 的做法仅用于有级调速。因此可以通过改变电源频率 f 使电动机向上、向下平滑调速。

[4.3]（2009 公共基础试题）三相异步电动机的工作效率与功率因数随负载的变化规律是：（　　）

A. 空载时，工作效率为 0，负载越大效率越高

B. 空载时，功率因数较小，接近满负载时达到最大值

C. 功率因数与电动机的结构和参数有关，和负载无关

D. 负载越大，功率因数越大

答案：B

解题过程：三相异步电动机的功率因数和效率均与负载的状态有关，电机空载时，电机没有有功功率输出，功率因数很低（为 0.2～0.3），但负载过大时电动机的功率因数和效率也会降低，只有在负载近于满载时才达到最大值。

[4.4] (2014，2013，2007 专业基础试题)一台三相六极感应电动机接于工频电网运行，若转子绕组开路时，转子每相感应电动势为 110V。当电机额定运行时，转速 $n_N = 980\text{r/min}$，此时转子每相电动势 E_{2s} 为：（　　）

A. 1.47V　　　　　　B. 2.2V　　　　　　C. 38.13V　　　　　　D. 110V

答案：B

解题过程：当转子以转差率 s 旋转时，转子导体中感应的电动势和电流的频率为 $f_2 = sf_1$，则转子绕组在转差率为 s 所感应的电动势为 $E_{2s} = 4.44 f_2 N_2 k_{N2} \dot{\Phi}_m = 4.44 s f_1 N_2 k_{N2} \dot{\Phi}_m = sE_2$。该题中，电动机的 $n_N = 980\text{r/min}$，同步转速 $n_0 = 1000\text{r/min}$，则转差率 $s = \dfrac{n_0 - n_N}{n_0} = \dfrac{1000 - 980}{1000} = 0.02$，电动机在额定运行时转子每相感应电动势为 $E_{2s} = sE_2 = 0.02 \times 110\text{V} = 2.2\text{V}$。

[4.5] (2012 专业基础试题)一台三相交流电机定子绕组，极数 $2p = 6$，定子槽数 $Z_1 = 54$ 槽，线圈节距 $y_1 = 9$ 槽，那么此绕组的基波绕组因数 k_{w1} 为：（　　）

A. 0.945　　　　　　B. 0.96　　　　　　C. 0.94　　　　　　D. 0.92

答案：B

解题过程：　基波绕组因数　　　　　$k_{w1} = k_{d1} k_{p1}$　　　　　　　　　　　　　　　(1)

基波分布因数　　　　　　　　　$k_{d1} = \dfrac{\sin q \dfrac{\alpha}{2}}{q \sin \dfrac{\alpha}{2}}$　　　　　　　　　　　(2)

每极每相槽数　　　　　　　　　$q = \dfrac{Z}{2pm}$　　　　　　　　　　　　(3)

式中：Z 为定子槽数；p 为极对数；m 为相数。

槽距角　　　　　　　　　　　　$\alpha = \dfrac{p \times 360°}{Z}$　　　　　　　　　　(4)

极距　　　　　　　　　　　　　$\tau = \dfrac{Z}{2p}$　　　　　　　　　　　　　(5)

基波节距因数　　　　　　　　　$k_{p1} = \sin \dfrac{y_1}{\tau} 90°$　　　　　　　　　(6)

式中：y_1 为线圈节距。

根据题意和式（1）～式（6）可知：每极每相槽数 $q = \dfrac{Z}{2pm} = \dfrac{54}{6 \times 3} = 3$，槽距角 $\alpha = \dfrac{p \times 360°}{Z} = \dfrac{3 \times 360°}{54} = 20°$，极距 $\tau = \dfrac{Z}{2p} = \dfrac{54}{6} = 9$，则基波分布因数 $k_{d1} = \dfrac{\sin q \dfrac{\alpha}{2}}{q \sin \dfrac{\alpha}{2}} = \dfrac{\sin 30°}{3 \times \sin 10°} = 0.959795$，基波节距因数 $k_{p1} = \sin \dfrac{y_1}{\tau} 90° = \sin 90° = 1$，因此基波绕组因数 $k_{w1} = k_{d1} k_{p1} = 0.959795 \approx 0.96$。

[4.6] (2017 专业基础试题)要改变异步电动机的转向，可以采取：（　　）

A. 改变电源的频率　　　　　　　　　　　　B. 改变电源的幅值

C. 改变电源三相的相序　　　　　　　　　　　D. 改变电源的相位

答案：C

解题过程：若要改变三相电动机的转向，只需调换任意两根引线，即调换三相电源之相序即可。

[4.7]（2011 专业基础试题）三相感应电动机定子绕组，丫联结，接在三相对称交流电源上，如果有一相断线，在气隙中产生的基波合成磁动势为：（　　　）

A. 不能产生磁动势　　　　　　　　　　　　B. 圆形旋转磁动势

C. 椭圆形旋转磁动势　　　　　　　　　　　D. 脉振磁动势

答案：D

解题过程：星形联结绕组中，假设 A 相断线，则 $i_A=0$，$i_B=I_m\sin\omega t$，$i_C=-I_m\sin\omega t$，B 相绕组轴线为参考轴。

B、C 相绕组在电机气隙中产生的基波磁动势分别为：$f_{B1}(t,x)=F_{\Phi 1}\sin\omega_1 t\cos x$

$$f_{C1}(t,x)=-F_{\Phi 1}\sin\omega_1 t\cos\left(x-\frac{2}{3}\pi\right)$$

合成基波磁动势为：$f_1=f_{B1}+f_{C1}=F_{\Phi 1}\sin\omega_1 t\cos x-F_{\Phi 1}\sin\omega_1 t\cos\left(x-\frac{2}{3}\pi\right)=-2F_{\Phi 1}$

$\sin\omega_1 t\sin\left(x-\frac{1}{3}\pi\right)\sin\frac{1}{3}\pi=\sqrt{3}F_{\Phi 1}\cos\left(x+\frac{1}{6}\pi\right)\sin\omega_1 t$

合成的基波总磁动势为脉振磁动势，幅值为一相磁动势幅值的 $\sqrt{3}$ 倍。

[4.8]（2009 专业基础试题）三相异步电动机的旋转磁动势的转速为 n_1，转子电流产生的磁动势相对定子的转速为 n_2，则有：（　　　）

A. $n_1<n_2$　　　　　　　　　　　　　　B. $n_1=n_2$

C. $n_1>n_2$　　　　　　　　　　　　　　D. n_1 和 n_2 的关系无法确定

答案：B

解题过程：三相异步电动机通入三相对称电流在电动机内部可产生一个圆形旋转磁动势，该定子旋转磁动势的转速 $n_1=\dfrac{60f}{p}$（r/min）。如果转子转速为 n，异步电动机的转速 $n<n_1$，则转子导条中有感应电动势和感应电流，该电流将产生转子磁动势，转子磁动势的转速为 n_2，方向与定子磁动势方向相同，且 $n_2=n+(n-n_1)=n_1$。定子磁动势和转子磁动势在空间无相对运动。

[4.9]（2011 专业基础试题）一台丫联结的三相感应电动机，额定功率 $P_N=15\text{kW}$，额定电压 $U_N=380\text{V}$，电源频率 $f=50\text{Hz}$，额定转速 $n_N=975\text{r/min}$，额定运行的效率 $\eta_N=0.88$，功率因数 $\cos\varphi=0.83$，电磁转矩 $T_e=150\text{N}\cdot\text{m}$，该电动机额定运行时电磁功率和转子铜耗为：（　　　）

A. 15kW，392.5W　　　　　　　　　　　B. 15.7kW，392.5W

C. 15kW，100W　　　　　　　　　　　　D. 15.7kW，100W

答案：B

解题过程：已知电机额定转速 $n_N=975\text{r/min}$，则该电机的极对数为 3，同步转速 $n_0=1000\text{r/min}$。额定运行时，电磁功率 P_{em} 为：

$$P_{em} = T_{em}\Omega = T_{em}\frac{2\pi n_0}{60} = 150 \times \frac{2\pi \times 1000}{60}W = 15707.96W = 15.707kW$$

则转差率为：

$$s_N = \frac{n_0 - n_N}{n_0} = \frac{1000 - 975}{1000} = 0.025$$

转子回路的铜耗为：

$$p_{Cu2} = sP_{em} = 0.025 \times 15.707kW = 0.392699W = 392.699W$$

[4.10]（2014 专业基础试题）一台三相 4 极绕线转子感应电动机，定子绕组星形接法，$f_1 = 50Hz$，$P_N = 150kW$，$U_N = 380V$，额定负载时测得转子铜耗 $p_{Cu2} = 2210W$，机械损耗 $p_\Omega = 2640W$，杂散损耗 $p_k = 1000W$。已知电机的参数为 $R_1 = R_2' = 0.012\Omega$，$X_{1\delta} = X_{2\delta}' = 0.06\Omega$，忽略励磁电流。当电动机运行在额定状态，电磁转矩不变时，在转子每相绕组回路中串入电阻 $R' = 0.1\Omega$（已归算到定子侧）后，转子回路的铜耗为：（   ）

A. 2210W   B. 18409W   C. 20619W   D. 22829W

答案：C

解题过程：额定运行时，电磁功率：

$$P_{em} = P_N + p_k + p_{Cu2} + p_\Omega = 150kW + 1000W + 2210W + 2640W = 155850W$$

转差率：

$$s_N = \frac{p_{Cu2}}{P_{em}} = \frac{2210}{155850} = 0.01418$$

额定转速：

$$n_N = n_0(1 - s_N) = 1500 \times (1 - 0.01418)r/min = 1479r/min$$

电磁转矩不变，电磁功率不变；转子回路中串入电阻 R'，则：

$$\frac{R_2'}{s_N} = \frac{R_2' + R'}{s} \Rightarrow s = \frac{R_2' + R'}{R_2'}s_N = \frac{0.012 + 0.1}{0.012} \times 0.01418 = 0.1323$$

转子回路的铜耗：

$$p_{Cu2} = sP_{em} = 0.1323 \times 155850W = 20619W$$

[4.11]（2014 专业基础试题）一台绕线转子异步电动机，转子静止且开路，定子绕组加额定电压，测得定子电流 $I_1 = 0.3I_N$，然后将转子绕组短路仍保持静止，在定子绕组上从小到大增加电压使定子电流 $I_1 = I_N$，与前者相比，后一种情况主磁通和漏磁通的大小变化为：（   ）

A. 后者 Φ_m 较大，且 $\Phi_{1\delta}$ 较大   B. 后者 Φ_m 较大，且 $\Phi_{1\delta}$ 较小

C. 后者 Φ_m 较小，且 $\Phi_{1\delta}$ 较大   D. 后者 Φ_m 较小，且 $\Phi_{1\delta}$ 较小

答案：C

解题过程：定子加额定电压，转子开路，相当于空载状态。定子电流为额定电压下的空载电流，所遇到的阻抗主要为励磁阻抗，端电压主要由电动势 F_1 平衡，所以 Φ_m 较大。由于定子电流较小，所以 $\Phi_{1\delta}$ 较小；转子短路且静止，相当于电机处于降压起动状态，端电压低，定子电流 $I_1 = I_N$，定子电压约为额定电压的 20%，且定子漏抗压降约占一半，故 Φ_m 较小，此时定子电流较大，所以 $\Phi_{1\delta}$ 较大。

[4.12]（2009 专业基础试题）一台绕线转子异步电动机运行时，如果在转子回路串入电阻使 R_s 增大 1 倍，则该电动机的最大转矩将：（   ）

A. 增大 1.21 倍   B. 增大 1 倍   C. 不变   D. 减小 1 倍

答案：C

解题过程：根据知识点异步电动机的最大转矩可知，当电源频率和电动机参数不变时，最大转矩与电压的二次方成正比，临界转差率与电压无关；最大转矩与转子电阻无关，临界转差率与转子电阻成正比，增加转子电阻时，最大转矩不变，临界转差率增大。

[4.13]（2012 专业基础试题）一台三相笼型感应电动机，额定电压为 380V，定子绕组 △ 接法，直接起动电流为 I_{st}，若将电动机定子绕组改为 Y 接法，加线电压为 220V 的对称三相电流直接起动，此时的起动电流为 I'_{st} 与 I_{st} 相比的变化为：（   ）

A. 变小　　　　　　B. 不变　　　　　　C. 变大　　　　　　D. 无法判断

答案：A

解题过程：三相异步电动机的起动电流为

$$I_{st} = \frac{U_1}{\sqrt{(R_1+R'_2)^2+(X_1+X'_2)^2}}$$

（1）当电机定子绕组 △ 接法，额定电压为 380V 直接起动时电流 I_{st} 为

$$I_{st} = \frac{380}{\sqrt{(R_1+R'_2)^2+(X_1+X'_2)^2}} \text{（因为 △ 接法时，线电压 = 相电压）}$$

（2）当电机定子绕组 Y 接法，加线电压为 220V 的对称三相电流直接起动，此时的起动电流 I'_{st} 为

$$I'_{st} = \frac{220/\sqrt{3}}{\sqrt{(R_1+R'_2)^2+(X_1+X'_2)^2}} \text{（因为 Y 接法时，线电压 = $\sqrt{3}$ 相电压）}$$

因此 $I'_{st} < I_{st}$，Y 接法时由电网供给的起动电流是 △ 接法起动电流的 1/3。

[4.14]（2013 专业基础试题）一台三相四极绕线式感应电动机，额定转速 $n_N=1440\text{r/min}$，接在频率为 50Hz 的电网上运行，当负载转矩不变，若在转子回路中每相串入一个与转子绕组每相电阻阻值相同的附加电阻，则稳定后的转速为：（   ）

A. 1500r/min　　　B. 1440r/min　　　C. 1380r/min　　　D. 1320/min

答案：C

解题过程：已知四极电动机，极对数 $p=2$，频率 $f=50\text{Hz}$，则其同步转速为 $n_0=\frac{60f}{p}=\frac{60\times50}{2}=1500\text{r/min}$，额定转差率为 $s_N=\frac{n_0-n_N}{n_0}=\frac{1500-1440}{1500}=0.04$。

当负载转矩不变，电机稳定运行时，电磁转矩也不变。由于电源电压保持不变，主磁通为定值。调速过程中为了充分利用电动机的绕组，要求保持 $I_2=I_{2N}$。则：

$$\frac{r_2}{s_N} = \frac{r_2+R_\Omega}{s} = \text{常数}$$

由题意可知，串入的附加电阻 R_Ω 与转子相电阻 r_2 相等，即 $r_2=R_\Omega$。则根据上式可得此时的转差率 $s=\frac{r_2+R_\Omega}{r_2}s_N=2s_N=2\times0.04=0.08$，稳定后的转速 $n=(1-s)n_0=(1-0.08)\times1500\text{r/min}=1380\text{r/min}$。

[4.15]（2014 专业基础试题）一台三相绕线式感应电动机，如果定子绕组中通入频率为 f_1 的三相交流电，其旋转磁场相对定子以同步转速 n_1 逆时针旋转，同时向转子绕组通入频率为 f_2，相序相反的三相交流电，其旋转磁场相对于转子以同步转速 n_2 顺时针旋转，转

子相对定子的转速和转向为：（　　　）

A. $n_1 + n_2$，逆时针　　　　　　　　　　B. $n_1 + n_2$，顺时针

C. $n_1 - n_2$，逆时针　　　　　　　　　　D. $n_1 - n_2$，顺时针

答案：A

解题过程：定子和转子同时通电时，必须使定子磁场和转子磁场都以同步转速旋转而保持相对静止，由于定子磁场相对定子以转子 n_1 逆时针旋转，转子绕组通入负序电流使转子磁场相对转子以转速 n_2 顺时针旋转，所以，转子必须以转速 $n_1 + n_2$ 向逆时针方向旋转，才能使定子、转子磁场相对于定子都以同步转速 n_1 逆时针旋转。

[4.16]（2011 专业基础试题）一台三相感应电动机 $P_N = 1000kW$，定子电源频率 f 为 50Hz，电动机的同步转速 $n_0 = 187.2r/min$，$U_N = 6kV$，Y 接法，$\cos\varphi = 0.75$，$\eta_N = 0.92$，$K_{w1} = 0.945$，定子绕组每相有两条支路，每相串联匝数 $N_1 = 192$，已知电机的励磁电流 $I_m = 45\% I_N$，其三相基波旋转磁动势的幅值为：（　　　）

A. 480.3A　　　　B. 960.6A　　　　C. 2134.7A　　　　D. 1663.8A

答案：A

解题过程：电动机的额定电流为：$I_N = \dfrac{P_N}{\sqrt{3}U_N\cos\varphi\,\eta_N} = \dfrac{1000}{\sqrt{3}\times 6\times 0.75\times 0.92}$A $=$

139.4566A，极对数为 $p = \dfrac{60f}{n_0} = \dfrac{60\times 50}{187.5} = 16$，励磁电流为 $I_m = 45\% I_N = 0.45\times 139.4566$A $=$

62.75547A，每支路电流为 $I = I_m/2 = 31.3777$A，三相基波合成磁动势为 $F_1 = 1.35\dfrac{IN_1}{p}$

$K_{w1} = 1.35\times \dfrac{31.3777\times 192}{16}\times 0.945$A $= 480.36$A。

[4.17]（2009，2012 专业基础试题）异步电动机在运行中，如果负载增大引起转子转速下降 5%，此时转子磁动势相对空间的转速：（　　　）

A. 增加 5%　　　B. 保持不变　　　C. 减小 5%　　　D. 减小 10%

答案：B

解题过程：异步电动机的转子以转速 n 旋转时，气隙旋转磁场与转子的转差为 $n_1 - n =$ sn_1。转子旋转磁动势相对转子的转速为 $n_2 = n_1 - n = sn_1$。转子旋转磁动势的转向由超前电流的相转到落后电流的相，转子旋转磁动势转向与基波旋转磁通巾 Φ_1 的转向相同。

转子以转速 n 旋转，且转子转向与 Φ_1 的转向相同，因此转子绕组产生的磁动势在空间的转速（相对于定子的转速）为 $n_2 + n = n_1 - n + n = n_1$。转子的转速 n 无论多大，转子电流产生的磁动势在空间总是以同步转速 n_1 旋转的，与定子磁动势的转速和转向是相同的。转子磁动势与定子磁动势之间没有相对运动，是相对静止的。

[4.18]（2011 专业基础试题）三相笼型感应电动机，$P_N = 10kW$，$U_N = 380V$，$n_N = 1455r/min$，定子绕组三角形接法，等效电路参数如下：$R_1 = 1.375\Omega$，$R_2' = 1.047\Omega$，$X_{1\delta} = 2.43\Omega$，$X_{2\delta}' = 4.4\Omega$，则转子最大电磁转矩的转速为：（　　　）

A. 1455r/min　　　B. 1275r/min　　　C. 1260r/min　　　D. 1250r/min

答案：B

解题过程：转子最大电磁转矩时的转差率为

$$s_m = \frac{R_2'}{\sqrt{R_1^2 + (X_{1\delta} + X_{2\delta}')^2}} = \frac{1.047}{\sqrt{1.375^2 + (2.43 + 4.4)^2}} = 0.15028$$

$n_N = 1455r/min$，则同步转速 $n_0 = 1500r/min$，转子最大电磁转矩时的转速为

$$n = n_0(1 - s_m) = 1500 \times (1 - 0.15028) = 1274.6r/min$$

[4.19]（2013 专业基础试题）一台三相感应电动机，定子三角形联结，$U_N = 380V$，$f = 50Hz$，$P_N = 7.5kW$，$n_N = 960r/min$，额定负载时 $\cos\varphi_1 = 0.824$，定子铜耗 474W，铁耗 231W。机械损耗 45W，附加损耗 37.5W，则额定负载时转子铜耗 p_{pCu2} 为：（　　）

A. 315.9W　　　　B. 329.1W　　　　C. 312.5W　　　　D. 303.3W

答案：A

解题过程：从题意可知，同步转速 $n_0 = 1000r/min$，电机极对数 $P = \frac{60f}{n_0} = \frac{60 \times 50}{1000} = 3$，

转差率为 $s_N = \frac{n_0 - n_N}{n_0} = \frac{1000 - 960}{1000} = 0.04$，机械功率 $P_m = P_2 + p_m + p_{ad} = (7500 + 45 +$

$37.5)W = 7582.5W$，电磁功率 $P_{em} = \frac{P_m}{1 - s_N} = \frac{7582.5}{1 - 0.04}W = 7898.437W$，转子铜耗 $p_{Cu2} =$

$s_N P_{em} = 0.04 \times 7898.437W = 315.9W$。

[4.20]（2016 专业基础试题）一台三相 4 极 Y 联结的绕线式感应电动机，$f_N = 50Hz$，$P_N = 150kW$，$U_N = 380V$，额定负载时测得其转子铜损耗 $p_{Cu2} = 2210W$，机械损耗 $p_\Omega = 2640$，杂散损 $p_k = 1000W$，额定运行时的电磁转矩为：（　　）

A. 955N·m　　　　B. 958N·m　　　　C. 992N·m　　　　D. 1000N·m

答案：C

解题过程：同步转速 $n_0 = \frac{60f}{P} = \frac{60 \times 50}{2}r/min = 1500r/min$，已知输出功率 $P_2 = P_N = $

$150kW$，$p_{mec} + p_{ad} = p_\Omega + p_k = 2460W + 1000W = 3460W = 3.46kW$，根据 $P_2 = P_m - p_{mec} + p_{ad}$ 可得机械功率，$P_m = P_2 + p_{mec} + p_{ad} = 150 + 3.46 = 153.46kW$，电磁功率：$P_{em} = P_m + p_{Cu2} = $

$153.46 + 2.21 = 155.85kW$，同步机械角速度：$\Omega_0 = \frac{2\pi n_0}{60} = \frac{2\pi \times 1500}{60}rad/s = 157.08rad/s$，

电磁转矩：$T_{em} = \frac{P_{em}}{\Omega_0} = \frac{155850}{157.08}N·m = 992.16N·m$。

[4.21]（2016 专业基础试题）一台三相绕线式感应电机，额定电压 $U_N = 380V$，当定子加额定电压，转子不转并开路时的集电环电压为 254V，定、转子绕组都为 Y 联结，已知定、转子一相的参数为 $R_1 = 0.044\Omega$，$X_{1\delta} = 0.54\Omega$，$R_2 = 0.027\Omega$，$X_{2\delta} = 0.24\Omega$，忽略励磁电流，当定子加额定电压、转子堵转时的转子相电流为：（　　）

A. 304A　　　　B. 203A　　　　C. 135.8A　　　　D. 101.3A

答案：B

解题过程：转子堵转开路时，异步电动机的电动势变比 $k_e = \frac{N_1 k_{N1}}{N_2 k_{N2}} = \frac{E_1}{E_2} = \frac{380}{254} = 1.496$；

定转子均为 Y 联结，则 $k_z = k_e k_i = \frac{m_1}{m_2}k_e^2 = k_e^2$；

折算后，转子绕组的每相电阻 $R_2' = k_e^2 R_2 = 1.496^2 \times 0.027\Omega = 0.06\Omega$；

漏电抗为 $X_{2\delta}' = k_e^2 X_{2\delta} = 1.496^2 \times 0.24\Omega = 0.537\Omega$；

异步电动机的转子绕组的阻抗变比 $k_z = k_e k_i = \dfrac{m_1}{m_2} k_e^2 = k_e^2$；

定子加额定电压、转子堵转时（$s=1$）的转子相电流为

$$I_2' = \dfrac{U_1/\sqrt{3}}{\sqrt{(R_1+R_2')^2 + (X_{1\delta}+X_{2\delta}')^2}} = \dfrac{380/\sqrt{3}}{\sqrt{(0.044+0.06)^2 + (0.54+0.537)^2}}\text{A} = 202.76\text{A}。$$

[4.22]（2014 专业基础试题）根据运行状态，电动机的自起动可以分为三类：（   ）

A. 受控自起动，空载自起动，失电压自起动

B. 带负载自起动，空载自起动，失电压自起动

C. 带负载自起动，受控自起动，失电压自起动

D. 带负载自起动，受控自起动，空载自起动

答案：B

解题过程：自起动分类为失电压自起动、空载自起动和带负载自起动。

（1）失压自起动：运行中突然出现事故，电压下降，当事故消除，电压恢复时形成的自起动。

（2）空载自起动：备用电源空载状态时，自动投入失去电源的工作段所形成的自起动。

（3）带负荷自起动：备用电源已带一部分负荷，又自动投入失去电源的工作段所形成的自起动。厂用工作电源一般仅考虑失压自起动，而厂用备用电源（起动电源）应考虑上述三种情况的自起动。

4.2.2 继电接触器控制真题

[4.23]（2011 公共基础试题）接触器的控制线圈如图 4.4（a）所示，动合触点如图 4.4（b）所示，动断触点如图 4.4（c）所示，当有额定电压接入线圈后：（   ）

A. 触点 KM1 和 KM2 因未接入电路均处于断口状态

B. KM1 闭合，KM2 不变

C. KM1 闭合，KM2 断开

D. KMI 不变，KM2 断开

答案：C

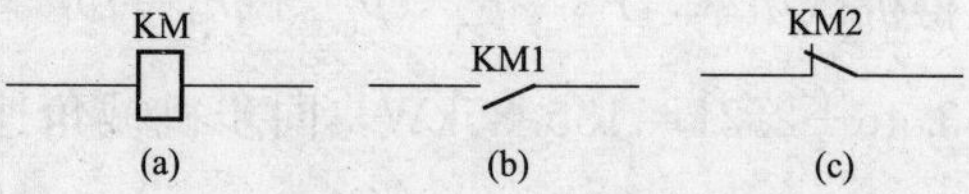

图 4.4　题 [4.23] 图

解题过程：根据接触器的工作原理，当控制线圈 KM 通电后，该接触器所有的动合触点 KM1 都闭合，动断触点 KM2 都断开。

[4.24]（2010 公共基础试题）在电动机的继电接触控制电路中，具有短路保护、过载保护、欠压保护和行程保护，其中，需要同时接在主电路和控制电路中的保护电器是：（   ）

A. 热继电器和行程开关　　　　　　B. 熔断器和行程开关

C. 接触器和行程开关　　　　　　　D. 接触器和热继电器

答案：D

解题过程：熔断器接在主电路中；行程开关接在控制电路中；热继电器的热元件接在主电路中，触点接在控制电路中；接触器的主触点接在主电路，辅助触点接在控制电路中。

4.3　考试模拟练习题

[4.25] 有一台三相异步电动机，其额定转速 $n=975r/min$，电源频率 $f=50Hz$，则这台电机的磁极对数是（　　）。

A. 3　　　　　　　　B. 2　　　　　　　　C. 1　　　　　　　　D. 4

[4.26] 绕线异步电动机，当在其转子回路串接一个适当的电阻时，则会使启动电流（　　），启动转矩增大。

A. 增大　　　　　　B. 减小　　　　　　C. 不变　　　　　　D. 不确定

[4.27] 设某△接异步电动机全压起动时的启动电流 $I_u=30A$，起动转矩 $T_u=45N\cdot m$，若电动机采用丫-△降压起动方案，则启动电流和起动转矩分别为：（　　）

A. 17.32A，25.98N·m　　　　　　　B. 10A，15N·m

C. 10A，25.98N·m　　　　　　　　D. 17.32A，15N·m

[4.28] 对于三相异步电动机而言，在满载启动情况下的最佳启动方案是：（　　）

A. 丫-△启动方案，启动后，电动机以丫接方式运行

B. 丫-△启动方案，启动后，电动机以△接方式运行

C. 自耦调压器降压启动

D. 绕线式电动机串转子电阻启动

[4.29] 一台绕线转子异步电动机，如果将其定子绕组短接，转子绕组接至频率为 $f_1=50Hz$ 的三相交流电源，在气隙中产生顺时针方向的旋转磁场，设转子的转速为 n，那么转子的转向是：（　　）

A. 顺时针　　　　　B. 不转　　　　　　C. 逆时针　　　　　D. 不能确定

[4.30] 一台运行于 50Hz 交流电网的三相感应电机的额定转速为 1440r/min，其极对数必为：（　　）

A. 1　　　　　　　　B. 2　　　　　　　　C. 3　　　　　　　　D. 4

[4.31] 一台三相六极感应电动机，额定功率 $P_N=28kW$，$U_N=380V$，频率 50Hz，$n_N=950r/min$，额定负载运行时，机械损耗和杂散损耗之和为 1.1kW，此时转子回路铜耗为：（　　）

A. 1.532kW　　　　B. 1.474kW　　　　C. 1.455kW　　　　D. 1.4kW

[4.32] 一台三相感应电动机在额定电压下空载起动与在额定电压下满载起动相比，两种情况下合闸瞬间的起动电流：（　　）

A. 前者小于后者　　　　　　　　　B. 相等

C. 前者大于后者　　　　　　　　　D. 无法确定

[4.33] 绕线转子异步电动机拖动恒转矩负载运行，当转子回路串入不同电阻，电动机转速不同。而串入电阻与未串电阻相比，对转子的电流和功率因数的影响是：（　　）

A. 转子的电流大小和功率因数均不变

B. 转子的电流大小变化，功率因数不变

C. 转子的电流大小不变，功率因数变化

D. 转子的电流大小和功率因数均变化

[4.34] 一台三相异步电动机，电源频率为 50Hz，额定运行时转子的转速 $n=1400r/min$，此时转子绕组中的感应电动势的频率为：（　　）

A. 0.067Hz　　　　B. 3.33Hz　　　　C. 50Hz　　　　D. 100Hz

[4.35] 异步电动机工作在发电机状态下，其转速变化范围为：（　　）

A. $n<0$　　　　B. $n=0$　　　　C. $0<n<n_1$　　　　D. $n>n_1$

[4.36] 一台三相六级感应电动机，额定功率 $P_N=28kW$，$U_N=380V$，频率 50Hz，$n_N=950r/min$，额定负载运行时，机械损耗和杂散损耗之和为 1.1kW，此时转子的铜耗为：（　　）

A. 1.532W　　　　B. 1.474W　　　　C. 1.455W　　　　D. 1.4W

[4.37] 熔断器在三相异步电动机控制电路中的作用是：（　　）

A. 在电路中作过载保护

B. 在电路中作短路保护

C. 在电路中有热继电器作保护，不需要熔断器

D. 电动机电路中不需要熔断器来保护

[4.38] 热继电器在三相异步电动机控制电路中的作用是：（　　）

A. 过载保护　　　　　　　　　　B. 短路保护

C. 欠（零）压保护　　　　　　　D. 过压保护

[4.39] 接触器触点系统的特点是：（　　）

A. 主触点的额定电流大，辅助触点的额定电流小

B. 主触点的额定电流小，辅助触点的额定电流大

C. 主触点与辅助触点的额定电流值相同

D. 以上均不正确

[4.40] 为使电气控制电路具有欠压保护功能，通常的做法是：（　　）

A. 选用专用器件

B. 采用铁壳开关

C. 只要有交流接触器就自动具有欠压保护功能

D. 只要有热继电器就自动具有欠压保护功能

[4.41] 具有自锁功能的三相异步电动机控制电路的特点是：（　　）

A. 起动按钮与交流接触器动合触点并联

B. 起动按钮与交流接触器动合触点串联

C. 起动按钮与交流接触器动断触点串联

D. 起动按钮与交流接触器动断触点并联

[4.42] 为实现对电动机的过载保护，除了将热继电器的热元件串接在电动机的供电电路中外，还应将其：（　　）

A. 常开触点串接在控制电路中

B. 常闭触点串接在控制电路中

C. 常开触点串接在主电路中

D. 常闭触点串接在主电路中

4.3 考试模拟练习题参考答案

第 5 章 半 导 体 器 件

本章主要介绍了半导体材料的性质、PN 结、二极管、三极管、直流稳压电源。公共基础考试大纲要求掌握的内容：晶体二极管；双极型晶体三极管；二极管单相半波整流电路；二极管单相桥式整流电路。专业基础考试大纲要求掌握的内容：载流子，扩散，漂移；PN 结的形成及单向导电性；掌握二极管和稳压管特性、参数；掌握三极管特性、参数；掌握桥式整流及滤波电路的工作原理、电路计算；串联型稳压电路工作原理，参数选择，电压调节范围，三端稳压器的应用；了解滤波电路的外特性；硅稳压管稳压电路中限流电阻的选择；了解倍压整流电路的原理；集成稳压电路工作原理及提高输出电压的工作原理。

5.1 知 识 点 解 析

5.1.1 半导体基本知识

1. 半导体材料基本性质

本征半导体是化学成分纯净的半导体，常用的半导体材料是硅和锗。本征半导体中自由电子和空穴两种载流子数量极少，导电能力很差，在其中掺入微量的杂质，导电能力大大提高。掺入的五价元素成为 N 型半导体，掺入的三价元素成为 P 型半导体。

2. PN 结及其性质

用特殊工艺在同一块半导体晶片上制成 P 型半导体和 N 型半导体两个区域，由于 P 区空穴浓度大，N 区电子浓度大，因而会发生扩散现象。多数载流子扩散到对方区域后被复合而消失，在交界面的两侧分别留下了不能移动的正负离子，呈现出一个空间电荷区称为 PN 结。PN 结外加正向电压通时，PN 结的正向电流大，结电阻小；PN 结外加反向电压截止时，PN 结的反向电流小，结电阻大，且温度对反向电流影响很大。

5.1.2 二极管

1. 二极管及其基本性质

在 PN 结两端各接上一条引出线，再封装在管壳里就构成了半导体二极管。

（1）正向特性。当二极管承受正向电压很低时，不足以克服 PN 结内电场对多数载流子运动的阻碍作用，正向电流很小，称为死区。硅管的死区电压约为 0.5V，锗管的死区电压约为 0.2V。当二极管的正向电压超过死区电压后，PN 结内电场被削弱，正向电流明显增加，并且随着正向电压增大，电流迅速增大，二极管的正向电阻变得很小，当二极管充分导通后，其正向电压基本保持不变，称为正向导通电压，普通硅二极管的导通电压约为 0.6～0.7V，锗二极管的导通电压约为 0.2～0.3V。

（2）反向特性。二极管承受反向电压时，由于少数载流子的漂移运动，形成很小的反向电流。反向电流有两个特点：①它随温度的上升增长很快；②在一定反向电压范围内，反向电流与反向电压大小无关，基本保持恒定，故称为反向饱和电流。

（3）击穿特性。当外加反向电压过高时，反向电流将突然增大，二极管失去单向导电性，称为反向击穿。产生击穿时加在二极管上的反向电压称为反向击穿电压。

2. 二极管的主要参数

（1）最大整流电流 I_F。二极管长期使用时，允许流过二极管的最大正向平均电流。

（2）最大反向工作电压 U_R。保证二极管不被击穿所允许的最高反向电压。

（3）最大反向电流 I_R。二极管加上最大反向工作电压时的反向电流。

（4）最高工作频率 f_M。二极管正常工作时的上限频率，超过此值时，由于二极管结电容的影响，二极管的单向导电性能变差。

3. 稳压二极管

稳压管是一种按特殊工艺制成的面接触型硅二极管。稳压管正常工作是在反向击穿状态，即外加电源正极接管子的阴极，负极接管子的阳极；当反向电流在较大范围内变化 ΔI_Z 时，管子两端电压相应的变化 ΔU_Z 却很小，起稳压作用；稳压管应与负载并联，由于稳压管两端电压变化量很小，因而使负载两端电压比较稳定，稳定电压为 U_Z。

5.1.3 三极管

1. 三极管及其基本性质

晶体管分为发射区、基区和集电区。基区与发射区之间的 PN 结叫作发射结，基区与集电区之间的 PN 结叫作集电结。从三个区引出的三根电极分别为发射极 E、基极 B 和集电极 C。晶体管从结构上分为 NPN 型和 PNP 型。

（1）输入特性。晶体管的输入特性指当 U_{CE} 为常数时，I_B 与 U_{BE} 之间的关系曲线，图 5.1（a）为某一硅管共发射接法的输入特性曲线。

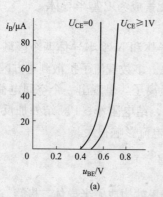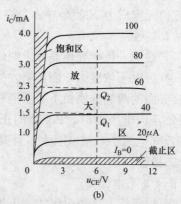

图 5.1　特性曲线

(a) 三极管共射输入特性；(b) 三极管共射输出特性

1）当 $U_{CE}＝0$ 时，从三极管输入回路看，相当于两个 PN 结并联。当 B、E 间加正电压时，三极管的输入特性就是两个并联二极管正向伏安特性。

2）当 $U_{CE}≥1V$，B、E 间加正电压，集电极的电位比基极高，集电结为反向偏置，阻挡层变宽，基区变窄，基区电子复合减少，基极电流 I_B 下降。

3）当 U_{CE} 继续增大时，曲线右移不明显。集电结的反偏电压将注入基区的电子收集到集电极，此时 U_{CE} 再增大，I_B 变化不大。故 $U_{CE}≥1V$ 以后的输入特性基本重合。

4）输入特性曲线与二极管的伏安特性相似，也有一段死区，硅管的死区电压为 0.5V，锗管的死区电压约为 0.2V。

（2）输出特性。输出特性是指当三极管基极电流 I_B 为常数时，集电极电流与集、射极间电压 U_{CE} 之间的关系，三极管工作在不同状态，输出特性通常可分三个区域：

1）放大区。I_C 平行于 U_{CE} 轴的区域，曲线基本平行等距。特点：$I_C = \beta I_B$。条件：发射结正偏，集电结反偏。

2）截止区。$I_B = 0$ 的曲线以下的区域为截止区。特点：$I_C \approx 0$。条件：发射结反偏，集电结反偏。

3）饱和区。特性曲线迅速上升和弯曲部分之间的区域为饱和区。特点：$U_{CE} \approx 0.3V$，$I_C < \beta I_B$。条件：发射结正偏，集电结正偏。

2. 三极管的主要参数

（1）电流放大系数 $\bar{\beta}$ 和 β。直流电流放大系数的定义为：$\bar{\beta} = \dfrac{I_C}{I_B}$；交流电流放大系数的定义为：$\beta = \dfrac{\Delta I_C}{\Delta I_B}$。一般工程估算中，可以认为 $\bar{\beta} \approx \beta$。

（2）极间反向电流。

1）集电极、基极间反向饱和电流 I_{CBO}。在发射极开路，集电极、基极间加一定反向电压时的反向电流。

2）穿透电流 I_{CEO}。基极开路，在集、射极间加一定电压时的集电极电流。I_{CEO} 的大小是判别晶体三极管质量好坏的重要参数，一般希望 I_{CEO} 越小越好。$I_{CEO} = \bar{\beta} I_{CBO} + I_{CBO} = (1 + \bar{\beta}) I_{CBO}$。

（3）极限参数。

1）集电极最大允许电流 I_{CM}。β 值下降至正常值的 2/3 时的集电极电流为集电极最大允许电流 I_{CM}。

2）集电极最大允许耗散功率 P_{CM}。集电极电流流经集电结时产生的功率损耗，P_{CM} 与 I_C、U_{CE} 的关系为：$P_{CM} = I_C U_{CE}$。

3）反向击穿电压 $U_{(BR)CEO}$。基极开路时，集电极与发射极之间的最大允许电压，当实际值超过此值时会导致晶体管反向击穿造成管子损坏。

3. 复合晶体管

两只或多只三极管的电极通过适当连接，作为一个管子来使用，如图 5.2 所示。复合管的等效管型由第一只管的管型确定。在组成复合管时，管子的各极电流必须畅通。放大系数 β 近似为：$\beta \approx \beta_1 \beta_2$。

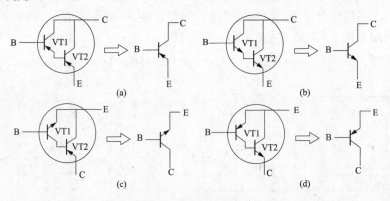

图 5.2　复合管的组成

5.1.4 直流稳压电源

包括变压、整流、滤波、稳压四个部分组成。

1. 整流电路

将交流电转换成直流电的电路称为整流电路。图 5.3 是常用的单相桥式整流电路。Tr 为电源变压器，二极管 VD1～VD4 构成桥式整流电路，R_L 为直流负载电阻。

当 u_2 在正半周时，二极管 VD1、VD3 承受正向电压而导通，VD2、VD4 承受反相电压而截止。电流 i_1 的通路是 a→VD1→R_L→VD3→b。

当 u_2 在负半周时，二极管 VD2、VD4 承受正向电压而导通，VD1、VD3 承受反向电压而截止，电流 i_2 的通路是 b→VD2→R_L→VD4→a。输出电压 u_o 的波形如图 5.4 所示。设 $u_2=\sqrt{2}U_2\sin\omega t$，则负载直流电压为：$u_o=1/\pi\int_0^\pi\sqrt{2}U_2\sin\omega t\,d(\omega t)=2\sqrt{2}U_2/\pi\approx0.9U_2$；负载直流电流为：$I_o=\dfrac{U_o}{R_L}=\dfrac{0.9U_2}{R_L}$；二极管平均电流：$I_D=\dfrac{1}{2}I_o=0.45\dfrac{U_2}{R_L}$；二极管反相电压最大值：$U_{DRM}=U_{2m}=\sqrt{2}U_2$；变压器副绕组电流有效值：$I_2=\dfrac{U_2}{R_L}=\dfrac{I_o}{0.9}=1.11I_o$。

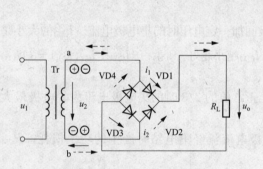 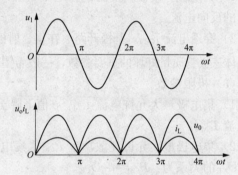

图 5.3　单相桥式整流电路图　　　　图 5.4　单相桥式整流电路波形图

2. 电容滤波器

电容滤波器的电路结构就是在整流电路的输出端与负载电阻之间并联一个足够大的电容器，利用电容上电压不能突变的原理进行滤波，如图 5.5 所示。

电容滤波的原理是利用电源电压上升时，给 C 充电。将电能储存在 C 中，当电源电压下降时利用 C 放电，将储存的电能送给负载，如图 5.6 所示，从而填补了相邻两峰值电压之间的空白，不但使输出电压的波形变平滑，而且还使 u_C 的平均值 U_o 增加。U_o 的大小与电容放电的时间常数 $\tau=R_LC$ 有关，τ 小，放电快，u_o 小；τ 大，放电慢，u_o 大。空载时的直流负载电压为：$U_o=\sqrt{2}U_2$；有载时，$U_o=1.2U_2$；耐压：$U_{CN}\geqslant\sqrt{2}U_2$。

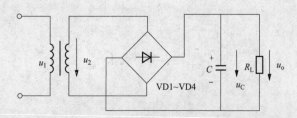 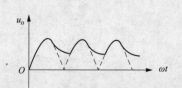

图 5.5　单相桥式整流电容滤波器　　　　图 5.6　桥式整流电容滤波的波形图

3. 稳压电路

如图 5.7 所示，将稳压管与限流电阻 R 相配合即组成了稳压管稳压电路。U_I 为整流滤波电路的输出电压，U_o 为稳压电路的输出电压，它等于稳压管的稳定电压 U_Z。$U_o = U_I -$

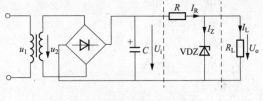

$RI = UI - R(I_Z + I_L)$，当电源电压波动或负载电流变化而引起 U_o 变化时，该电路的稳压过程为：只要 U_o 略有增加，I_Z 便会显著增加，RI 增加，使得 U_o 自动降低保持近似不变。如果 U_o 降低，则稳压过程与上述相反。选择稳压管参数时取：$U_o = U_Z$；$I_{Zmin} < I_Z < I_{Zmax}$；$U_I = (2 \sim 3)U_o$。

图 5.7 稳压管稳压电路

5.2 考试真题分析

5.2.1 二极管真题

[5.1]（2017 公共基础试题）二极管应用电路如图 5.8（a）所示，电路的激励 u_i 如图 5.8（b）所示，设二极管为理想器件，则电路输出电压 u_o 的波形 [见图 5.9] 为：（　　）

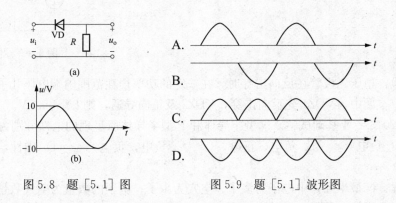

图 5.8 题 [5.1] 图　　　　图 5.9 题 [5.1] 波形图

答案：B

解题过程：根据二极管的单向导电性可知，二极管在输入电压的负半周导通，电阻 R 两端电压平均值为负值，选项 B 为正确答案。

[5.2]（2016 公共基础试题）二极管应用电路如图 5.10 所示，设二极管为理想器件，$u_i = 10\sin\omega t V$ 时，输出电压 u_o 的平均值 U_o 等于：（　　）

A. 10V

B. 9V

C. 6.36V

D. -6.36V

答案：C

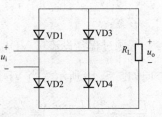

解题过程：根据图 5.10 可知该电路为二极管整流桥，则

图 5.10 题 [5.2] 图

其输出平均电压为：$U_o = 0.9U_i = 0.9 \times \dfrac{10}{\sqrt{2}} V = 6.36V$。

[5.3]（2012 公共基础试题）整流滤波电路如图 5.11 所示，已知 $U_1 = 30V$，$U_o = 12V$，$R = 2k\Omega$，$R_L = 40k\Omega$，稳压管的稳定电流 $I_{Zmin} = 5mA$ 与 $I_{Zmax} = 18mA$。通过稳定压管的电流和通过二极管的平均电流分别是：（　　）

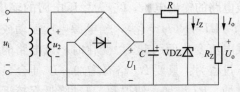

A. 5mA，2.5mA

B. 8mA，8mA

C. 6mA，2.5mA

D. 6mA，4.5mA

图 5.11　题 [5.3] 图

答案：D

解题过程：该电路为直流稳压电源电路，直流电压输入时，电容相当于断开，则流过稳压管的电流 $I_Z = \dfrac{U_1 - U_o}{R} - \dfrac{U_o}{R_L} = \dfrac{30-12}{2\times10^3} - \dfrac{12}{4\times10^3} = 6mA$，通过二极管的平均电流为桥式整流电路输出电流的一半，则：$I_D = \dfrac{1}{2} \times \dfrac{U_1 - U_o}{R} = \dfrac{1}{2} \times \dfrac{30-12}{2\times10^3} = 4.5mA$。

[5.4]（2017 专业基础试题）如图 5.12 所示，已知 VDZ1、VDZ2 的击穿电压分别是 5V、7V，正向导通压降是 0.7V，那么 U_o 为：（　　）

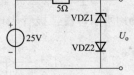

A. 7V

B. 7.7V

C. 5V

D. 5.7V

图 5.12　题 [5.4] 图

答案：D

解题过程：稳压二极管在反向击穿时，在一定的功率损耗范围内端电压几乎不变，表现出稳压特性。本题中，VDZ1 先反向击穿，VDZ2 及正向导通，则 $U_O = 5.7V$。

[5.5]（2013 专业基础试题）N 型半导体和 P 型半导体所呈现的电性分别为：（　　）

A. 正电；负电　　　B. 负电，正电　　　C. 负电，负电　　　D. 中性，中性

答案：D

解题过程：N 型半导体中电子为多子、空穴为少子；电子的数量为空穴数量与正粒子数的总和，N 型半导体对外呈电中性。P 型半导体中空穴为多子、电子为少子；空穴数量为电子的数量与负粒子数的总和，P 型半导体对外呈电中性。

[5.6]（2012 专业基础试题）设图 5.13 所示电路中的二极管，当 $u_1 = 15V$，u_o 为：（　　）

A. 6V　　　　　　　　　B. 12V

C. 15V　　　　　　　　D. 18V

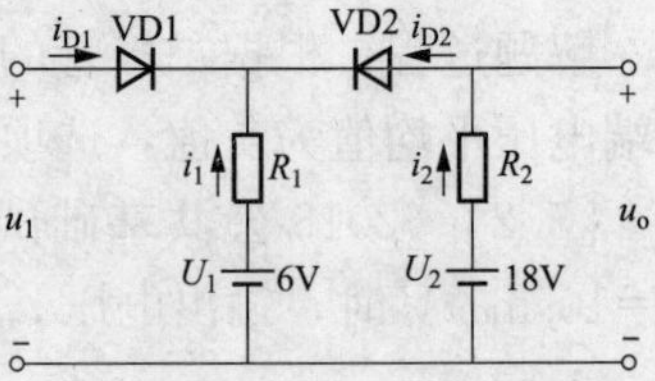

图 5.13　题 [5.6] 图

答案：C

解题过程：设流过 VD1、VD2、R_1、R_2 的电流分别为 i_{D1}、i_{D2}、i_1、i_2，它们的规定正方向如图 5.13 所示。当 VD1、VD2 均导通时，$i_{D2} = i_2 = \dfrac{U_2 - u_1}{R_2} = \dfrac{18 - u_1}{5}$，$i_{D1} = -(i_1 + i_{D2}) = -\left(\dfrac{U_1 - u_1}{R_1} + \dfrac{U_2 - u_1}{R_2}\right) = \dfrac{2u_1 - 24}{5}$，可见，VD1 导通的条件是 $u_1 > 12V$，VD2 导通的条件是 $u_1 < 18V$。故 $u_1 < 12V$ 时，VD1 截止、VD2 导通，$u_0 = \left(6 + \dfrac{18-6}{5+5} \times 5\right)V = 12V$；$12V < u_1 <$

18V、VD1、VD2 均导通，$u_o = u_1$；$u_1 > 18$V 时，VD1 导通、VD2 截止，$u_o = 18$V。本题中，$u_1 = 15$V，$u_o = 15$V。

[5.7]（2013，2007 专业基础试题）图 5.14 所示桥式整流电路电容滤波电路中，若二极管具有理想的特性，那么，当 $u_2 = 10\sqrt{2}\sin 314t$V，$R_L = 10$kΩ，$C = 50\mu$F 时，$U_o$ 约为：（　）

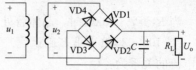

图 5.14　题 [5.7] 图

A. 9　　　　　　B. 10V　　　　　　C. 12V　　　　　　D. 14.14V

答案：C

解题过程：根据电容滤波电路的知识可得 $R_L C = (3\sim5)\dfrac{T}{2} \Rightarrow R_L C = 10 \times 10^3 \times 50 \times 10^{-6} = 0.5$，$T = \dfrac{2\pi}{\omega} = 0.02$s。已知 $u_2 = 10\sqrt{2}\sin 314t$V，其有效值 $U_2 = 10$V，则 $U_O = 1.2U_2 = 12$V。

[5.8]（2017 专业基础试题）如图 5.15 所示，R_L 不为 0，忽略电流 I_w，则 U_O 为：（　）

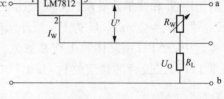

A. $\dfrac{12R_L}{R_W}$　　　　　　B. $\dfrac{12R_L}{R_W + R_L}$

C. $-\dfrac{12R_L}{R_W}$　　　　　　D. $-\dfrac{12R_L}{R_W + R_L}$

答案：B

图 5.15　题 [5.8] 图

解题过程：7812 的输出为 $U_{REF} = 12$V，忽略电流 I_w，则流过 R_W、R_L 的电流近似相等，即 $I = \dfrac{U_{REF}}{R_W + R_L} = \dfrac{12}{R_W + R_L}$，$U_O = \dfrac{12}{R_W + R_L}R_L$。

5.2.2　三极管真题

[5.9]（2012 公共基础试题）晶体管非门电路如图 5.16 所示，已知 $V_{CC} = 15$V，$U_B = -9$V，$R_C = 3$kΩ，$R_B = 20$kΩ，$\beta = 40$，（设 $U_{BE} = 0.7$V，集电极和发射极之间的饱和电压 $U_{CES} = 0.3$V）当输入电压 $U_1 = 5$V 时，要使晶体管饱和导通，R_X 的值不得大于：（　）

A. 7.1kΩ

B. 35kΩ

C. 3.55kΩ

D. 17.5kΩ

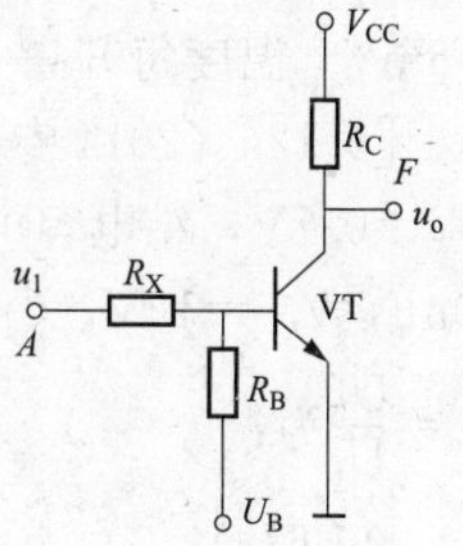

答案：A

图 5.16　题 [5.9] 图

解题过程：考虑晶体管处于饱和状态时，基极电流与集电极电流的关系为

$$I_B > I_{BS} = \frac{1}{\beta}I_{CS} = \frac{1}{\beta} \times \frac{U_{CC} - U_{CES}}{R_C} = \frac{1}{40} \times \frac{15 - 0.3}{3 \times 10^3} = 0.1225(\text{mA})$$

基极偏置电阻支路电流为

$$I_{RB} = \frac{U_{BE} - U_B}{R_B} = \frac{0.7 - (-9)}{20 \times 10^3} = 0.485(\text{mA})$$

根据 KCL 可得

$$\frac{U_1 - U_{BE}}{R_X} = \frac{5 - 0.7}{R_X} = I_{BS} + I_{RB} = 0.1225 + 0.485 = 0.6075(\text{mA})$$

$$R_X = \frac{4.3}{0.6075 \times 10^{-3}} = 7.078(\text{k}\Omega)$$

当 $R_X > 7.078\text{k}\Omega$ 时，晶体管处于饱和状态。

[5.10]（2012 专业基础试题）NPN 型晶体管工作在放大状态时，其发射结电压与发射极电流的关系为：（　　）

A. $I_B = I_S(\text{e}^{\frac{U_{BE}}{U_T}} - 1)$　　　　　　　B. $I_C = I_S(\text{e}^{\frac{U_{BE}}{U_T}} - 1)$

C. $I_E = I_S(\text{e}^{\frac{U_{BE}}{U_T}} - 1)$　　　　　　　D. $I_C = I_S(\text{e}^{\frac{U_{CB}}{U_T}} - 1)$

答案：C

解题过程：PN 结二极管的理想伏安特性为

$$I = I_S(\text{e}^{\frac{U}{U_T}} - 1)$$

式中：I_S 为反向饱和电流；U_T 为热电压，也称为温度电压当量，$U_T = kT/q$，U_T 与 PN 结的绝对温度 T 和波尔兹曼常数 k 成正比，与电子电量 q 成反比，始终为正数。在室温（$T = 300\text{K}$）时，$U_T \approx 26\text{mV}$；U 为 PN 结外加电压。

本题中，NPN 型晶体管工作在放大状态时，其发射结电压为 U_{BE}，发射极电流为 I_E，则根据 PN 结二极管的伏安特性可知，NPN 型晶体管发射结电压与发射极电流的关系为 $I_E = I_S(\text{e}^{\frac{U_{BE}}{U_T}} - 1)$。

[5.11]（2016，2009 专业基础试题）晶体管的参数受温度的影响较大，当温度升高时，晶体管的 β，I_{CBO}，U_{BE} 的变化情况为：（　　）

A. β 和 I_{CBO} 增加，U_{BE} 减小　　　　　B. β 和 U_{BE} 减小，I_{CBO} 增加

C. β 增加，I_{CBO} 和 U_{BE} 减小　　　　　D. β、I_{CBO} 和 U_{BE} 增加

答案：A

解题过程：温度每升高 10℃，β 值增大 0.5%~1%。温度每升高 1℃，U_{BE} 减小 2~2.5mV。温度每升高 10℃，I_{CBO} 约增大 1 倍。

[5.12]（2014 专业基础试题）电路如图 5.17 所示，晶体管 VT 的 $\beta = 50$，$r_{bb'} = 300\Omega$，$U_{BE} = 0.7\text{V}$，结电容可以忽略。$R_S = 0.5\text{k}\Omega$，$R_B = 300\text{k}\Omega$，$R_C = 4\text{k}\Omega$，$R_L = 4\text{k}\Omega$，$C_1 = C_2 = 10\mu\text{F}$，$V_{CC} = 12\text{V}$，$C_L = 1600\text{pF}$。放大电路的电压放大倍数

$A_u = \dfrac{U_o}{U_i}$ 为：（　　）

A. 67.1　　　　　　　　　　B. 101

C. −67.1　　　　　　　　　D. −101

答案：D

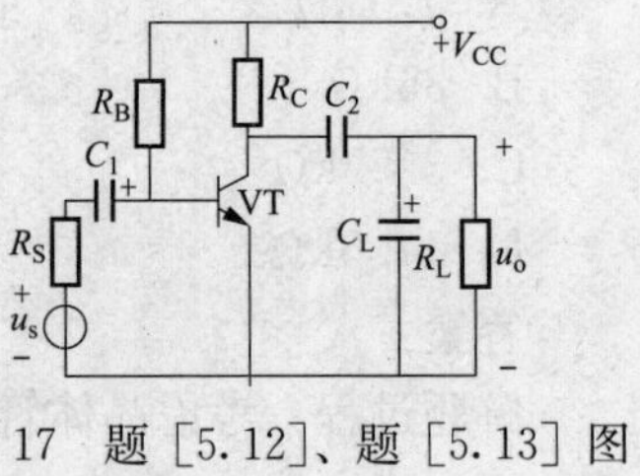

图 5.17　题 [5.12]、题 [5.13] 图

解题过程：$I_{BQ} \approx \dfrac{V_{CC} - U_{BE}}{R_B} = \dfrac{12 - 0.7}{300} \times 10^{-3}\text{A} = 37.67\mu\text{A}$

$$I_{EQ} = 1.921\text{mA}$$

$$r_{be} = r_{bb'} + (1+\beta)\frac{26 \times 10^{-3}}{I_{EQ}} = \left(300 + \frac{26 \times 10^{-3}}{37.67 \times 10^{-6}}\right)\Omega \approx 990\Omega$$

$$\dot{A}_u = \frac{\dot{U}_o}{\dot{U}_i} = -\frac{\beta(R_C \parallel R_L)}{r_{be}} = -\frac{50 \times 4114}{0.99} = -101$$

[5.13]（2014 公共基础试题）电路如图 5.17 所示，晶体管 VT 的 $\beta=50$，$r_{\mathrm{bb}'}=300\Omega$，$U_{\mathrm{BE}}=0.7\mathrm{V}$，结电容可以忽略。$R_{\mathrm{S}}=0.5\mathrm{k}\Omega$，$R_{\mathrm{B}}=300\mathrm{k}\Omega$，$R_{\mathrm{C}}=4\mathrm{k}\Omega$，$R_{\mathrm{L}}=4\mathrm{k}\Omega$，$C_1=C_2=10\mu\mathrm{F}$，$V_{\mathrm{CC}}=12\mathrm{V}$，$C_{\mathrm{L}}=1600\mathrm{pF}$。求下限截止频率 f_{L} 和上限截止频率 f_{H} 分别为：（　　）

A. 25Hz，100kHz　　　　　　　　　B. 12.5Hz，100kHz

C. 12.5Hz，49.8kHz　　　　　　　　D. 50Hz，100kHz

答案：C

解题过程：根据上题知 $R_i\approx990\Omega$。低频区：直流电源视为短路；结电容、分布电容和负载视电容为开路；耦合电容和旁路电容保留。输入回路的时间常数为：$\tau_1=(R_i+R_{\mathrm{S}})C_1=(990+500)\times10\times10^{-6}=0.0149\mathrm{s}$，输出回路的时间常数为：$\tau_2=(R_{\mathrm{C}}+R_{\mathrm{L}})C_2=(4000+4000)\times10\times10^{-6}=0.08\mathrm{s}$。因为 $\tau_2\gg\tau_1$，则下限截止频率为：$f_{\mathrm{L}}=\dfrac{1}{2\pi\tau_1}=\dfrac{1}{2\pi\times0.0149}=10.68\mathrm{Hz}$，$f_{\mathrm{L1}}=\dfrac{1}{2\pi(R_i+R_{\mathrm{S}})C_1}=\dfrac{1}{2\pi\times0.0149}=10.68\mathrm{Hz}$，$f_{\mathrm{L2}}=\dfrac{1}{2\pi(R_{\mathrm{C}}+R_{\mathrm{L}})C_2}=\dfrac{1}{2\pi\times0.08}=1.989\mathrm{Hz}$；高频区：结电容忽略，影响上限截止频率只有负载电容。上限截止频率为：

$$f_{\mathrm{H}}=\frac{1}{2\pi(R_{\mathrm{C}}R_{\mathrm{L}})C_L}=\frac{1}{2\pi\times0.08\times(44)\times10^3\times1600\times10^{-12}}\mathrm{Hz}=49.7\mathrm{kHz}$$

[5.14]（2012 专业基础试题）某串联反馈型稳压电路如图 5.18 所示，图中输入直流电压 $U_{\mathrm{I}}=24\mathrm{V}$，调整管 VT1 和误差放大管 VT2 的 U_{BE} 均等于 0.7V，稳压管的稳定电压 U_{Z} 等于 5.3V，输出电压 U_{O} 的变化范围为：（　　）

A. 6～24V　　　　B. 12～18V　　　　C. 6～18V　　　　D. 6～12V

答案：B

解题过程：串联型线性稳压电路由 4 个部分组成。

（1）取样环节：由 R_1、R_{W} 和 R_2 组成的分压电路构成，将输出电压分出一部分作为取样电压 U_{f}，送到比较放大环节。

（2）基准电压：由稳压二极管 VDZ 和电阻 R_3 构成的稳压电路组成。为电路提供一个稳定的基准电压 U_{Z}，作为调整、比较的基准。

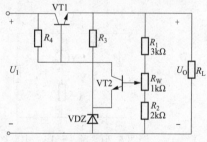

图 5.18　题 [5.14] 图

（3）比较放大环节：由 VT2 和 R_4 构成的直流放大电路组成。将取样电压 U_{f} 与基准电压 U_{Z} 之差放大后控制调整管 VT1。

（4）调整环节：由工作在线性放大区的功率管 VT1 组成。VT1 的基极电流 I_{B1} 受比较放大电路输出的控制，基极电流的改变可使集电极电流 I_{C1} 和集、射极电压 U_{CE1} 改变，从而达到自动调整稳定输出电压的目的。

（5）输出电压：$U_{\mathrm{O}}=\dfrac{R_1+R_{\mathrm{W}}+R_2}{R_{\mathrm{W2}}+R_2}(U_{\mathrm{Z}}+U_{\mathrm{BE2}})$。

（6）通过电位器 R_{W} 可以调节输出电压 U_{O} 的大小，但 U_{O} 必定大于或等于 U_{Z}。

本题中：

当 $R_{\mathrm{W2}}=R_{\mathrm{W}}=1\mathrm{k}\Omega$ 时

$$U_{\mathrm{Omin}}=\frac{R_1+R_{\mathrm{W}}+R_2}{R_{\mathrm{W2}}+R_2}(U_{\mathrm{Z}}+U_{\mathrm{BE2}})=\frac{6}{3}\times(5.3+0.7)=12\mathrm{V}$$

当 $R_{\mathrm{W2}}=R_{\mathrm{W}}=0\mathrm{k}\Omega$ 时

$$U_{\text{Omax}} = \frac{R_1 + R_W + R_2}{R_{W2} + R_2}(U_Z + U_{BE2}) = \frac{6}{2} \times (5.3 + 0.7) = 18\text{V}$$

因此，输出电压 U_O 的变化范围为 12～18V。

[5.15]（2014 专业基础试题）在图 5.19 所示电路中，已知 $I_W = 3\text{mA}$，U_1 足够大，C_3 是容量较大的电解电容器，则输出电压 U_O 为：（　　）

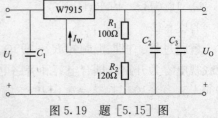

图 5.19　题 [5.15] 图

A. -15V　　　　　　B. -22.5V

C. -30V　　　　　　D. -33.6V

答案：A

解题过程：固体式集成三端稳压器 W7915 的输出值电压为 -15V，则输出电压 U_O 为 -15V。

5.3　考试模拟练习题

[5.16] 二极管应用电路如图 5.20 所示，设二极管 VD 为理想器件，$u_i = 10\sin\omega t\,\text{V}$，则输出电压 u_o 的波形（见图 5.21）为：（　　）

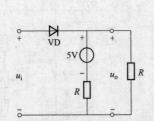

图 5.20　题 [5.16] 电路图

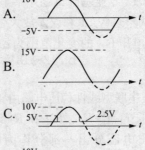

图 5.21　题 [5.16] 波形图

[5.17] 图 5.22 所示电路中，$u_i = 10\sin\omega t$，二极管 VD2 因损坏而断开，这时输出电压的波形（见图 5.23）和输出电压的平均值为：（　　）

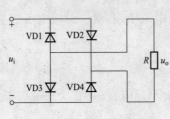

图 5.22　题 [5.17] 电路图

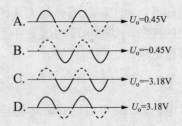

图 5.23　题 [5.17] 波形图

[5.18] 图 5.24 所示电路中，设 VDZ1 的稳定电压为 7V，VDZ2 的稳定电压为 13V，则电压 U_{AB} 等于：（　　）

A. 0.7V　　　　　　B. 7V　　　　　　C. 13V　　　　　　D. 20V

[5.19] 在图 5.25 所示电路中，设二极管为理想元件，当 $u_1 = 150\text{V}$ 时，u_2 为：（   ）

A. 25V   B. 75V   C. 100V   D. 150V

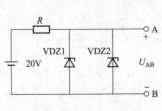

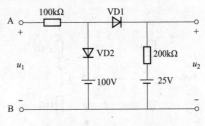

图 5.24 题 [5.18] 图   图 5.25 题 [5.19] 图

[5.20] 二极管应用电路如图 5.26（a）所示，电路的激励 u_i 如图 5.26（b）所示，该二极管为理想器件，则电路的输出电压 u_o 的平均值 U_o 等于：（   ）

A. 3.18V

B. 4.5V

C. −3.18V

D. −4.5V

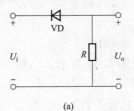

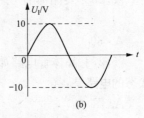

[5.21] 电路如图 5.27 所示，VD 为理想二极管，$u_i = 6\sin\omega t\,\text{V}$，则输出电压的最大值 U_{om} 为：（   ）

图 5.26 题 [5.20] 图

A. 6V   B. 3V   C. −3V   D. −6V

[5.22] 设图 5.28 所示电路中的二极管性能理想，则电压 U_{AB} 为：（   ）

A. −5V   B. −15V   C. 10V   D. 25V

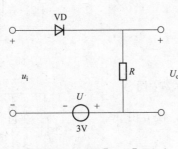

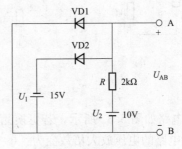

图 5.27 题 [5.21] 图   图 5.28 题 [5.22] 图

[5.23] 某晶体管的极限参数 $P_{CM} = 150\text{mW}$，$I_{CM} = 100\text{mA}$，$U_{(BR)CEO} = 30\text{V}$。若晶体管的工作电压分别为 $U_{CE} = 10\text{V}$ 和 $U_{CE} = 1\text{V}$ 时，则其最大允许工作电流分别为：（   ）

A. 15mA，100mA   B. 10mA，100mA

C. 150mA，100mA   D. 15mA，10mA

[5.24] 已知图 5.29 中 $U_{BE} = 0.7\text{V}$，判断图 (a)、(b) 的状态：（   ）

A. 放大，饱和   B. 截至，饱和

C. 截至，放大   D. 放大，放大

[5.25] 由两只晶体管组成的复合管电路如图 5.30 所示，已知 VT1、VT2 管的电流放

大系数分别为 β_1、β_2，那么复合管子的电流放大系数 β 约为：（   ）

A. β_1　　　　　B. β_2　　　　　C. $\beta_1+\beta_2$　　　　　D. $\beta_1\beta_2$

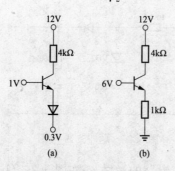

图5.29　题［5.24］图　　　　　图5.30　题［5.24］图解

［5.26］某晶体管三个电极的静态电流分别为 0.06、3.66、3.6mA，则该管的 β 为：
（   ）

A. 60　　　　　B. 61　　　　　C. 100　　　　　D. 50

［5.27］晶体管电路如图5.31所示，已知各晶体管的 $\beta=50$。那么晶体管处于放大工作
状态的电路是：（   ）

A. 图（a）　　　　　B. 图（b）　　　　　C. 图（c）　　　　　D. 图（d）

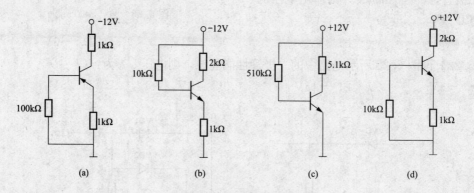

图5.31　题［5.27］图

［5.28］电路如图5.32所示，若更换晶体管，使 β 由 50
变为 100，则电路的电压放大倍数变为：（   ）

A. 原来值的 1/2

B. 原来的值

C. 原来值的 2 倍

D. 原来值的 4 倍

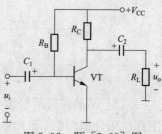

图5.32　题［5.28］图

5.3 考试模拟练习题参考答案

第6章 基本放大电路

本章主要介绍基本放大电路。公共基础考试大纲要求掌握的内容：共射极放大电路；输入阻抗与输出阻抗；射极跟随器与阻抗变换。专业基础考试大纲要求掌握的内容：掌握基本放大电路、静态工作点、直流负载和交流负载线；掌握放大电路基本的分析方法；了解放大电路的频率特性和主要性能指标；掌握功率放大电路的特点；了解互补推挽功率放大电路的工作原理，输出功率和转换功率的计算；掌握集成功率放大电路的内部组成；了解功率管的选择、晶体管的几种工作状态；了解自举电路；功放管的发热。

6.1 知 识 点 解 析

6.1.1 放大电路的主要技术指标

1. 放大倍数（增益）

$A_u = \dfrac{\dot{U}_o}{\dot{U}_i}$；电流放大倍数：$A_i = \dfrac{\dot{I}_o}{\dot{I}_i}$；功率放大倍数：$A_p = \dfrac{\dot{U}_o \dot{I}_o}{\dot{U}_i \dot{I}_i}$。

2. 输入电阻 r_i

从放大电路输入端看进去的等效电阻，是衡量放大电路获取信号的能力，$r_i = \dfrac{\dot{U}_i}{\dot{I}_i}$。

3. 输出电阻 r_o

表明放大电路带负载的能力，$r_o = \dfrac{\dot{U}_o}{\dot{I}_o}\Bigg|_{R_L=\infty, U_S=0}$。

4. 通频带

反应放大电路对信号频率的适应能力，$A(f_L) = A(f_H) = \dfrac{A_m}{\sqrt{2}} \approx 0.7 A_m, BW = f_H - f_L$。

6.1.2 共射极放大电路

共射极放大电路如图 6.1 所示。

1. 静态分析

无输入信号（$u_i = 0$）时电路的工作状态称为静态，就是确定电路中的直流静态值 I_B、I_C 和 U_{CE}，常采用估算法和图解法进行分析，这里只说明估算法。估算法是用放大电路的直流通路（见图 6.2）计算静态值，图中：

$$I_B = \frac{U_{CC} - U_{BE}}{R_B} = \frac{U_{CC} - 0.7}{R_B}, \ I_C = \beta I_B, \ U_{CE} = U_{CC} - I_C R_C$$

2. 动态分析

交流分量可用交流通路（u_i 单独作用下的电路）进行计算，交流通路和微变等效电路如图 6.3 所示。

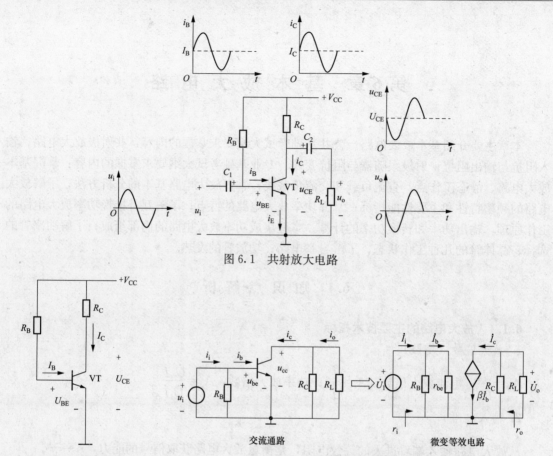

图 6.1 共射放大电路

图 6.2 直流通路

图 6.3 交流通路和微变等效电路

其中：$r_{be}=300+(1+\beta)\dfrac{26mV}{I_E mA}(\Omega)$，电压放大倍数：$A_u=\dfrac{\dot{U}_o}{\dot{U}_i}=\dfrac{-R_L'\beta\dot{I}_b}{r_{be}\dot{I}_b}=-\beta\dfrac{R_L'}{r_{be}}$，输入

电阻：$r_i=\dfrac{\dot{U}_i}{\dot{I}_i}=R_B/\!/r_{be}\approx r_{be}$，输出电阻：$r_o=\dfrac{\dot{U}}{\dot{I}}=R_C$。

放大电路是在直流电源 V_{CC} 和交流输入信号 u_i 共同作用下工作，电路中的电压 u_{CE}、电流 i_B 和 i_C 均包含两个分量，即 $i_B=I_B+i_b$，$i_C=I_C+i_c$，$u_{CE}=U_{CE}+u_{ce}$。

3. 分压偏置放大电路

分压偏置电路如图 6.4 所示，增加了发射极电阻 R_E，也被称为反馈电阻，它可将输出电流的变化反馈至输入端，起到抑制静态工作点变化的作用。交流通路和微变等效电路与固定式偏置放大电路的完全相同。

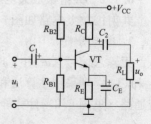

图 6.4 分压偏置放电电路

4. 失真

（1）截止失真。当静态工作点 Q 较低时，在输入信号负半周靠近峰值的区域，晶体管发射结电压有可能小于开启电压，晶体管截止，基极电流 I_B 将产生底部失真，集电极电流 I_C 随之产生失真，输出电压失真（顶部），这种因静态工作点 Q 偏低而产生的失真称为截止失真。

消除方法：增大基极直流电源 V_{BB}；减小基极偏置电阻 R_b。

（2）饱和失真。当静态工作点 Q 较高时，在输入信号正半周靠近峰值的区域，晶体管进入饱和区，导致集电极电流 I_C 产生失真，输出电压失真（底部），因 Q 点偏高而产生的失真称为饱和失真。

消除方法：增大 R_B，减小 R_C，减小 β，增大 V_{CC}。

6.1.3　共集电极放大电路

放大电路如图 6.5（a）所示，输出电压 u_o 由晶体管的发射极取出。

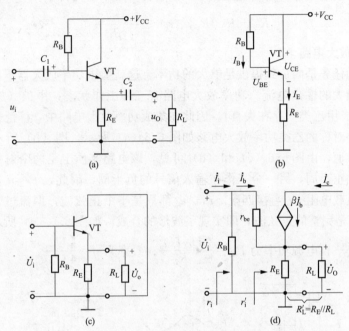

图 6.5　共集电极放大电路

（a）电路原理图；（b）直流通路；（c）交流通路；（d）微变等效电路

1. 静态分析

直流通路如图 6.5（b）所示，根据 KVL 可得

$$U_{CC} = I_B R_B + U_{BE} + V_E$$

$$V_E = I_E R_E = (1+\beta) I_B R_E$$

$$I_B = \frac{U_{CC} - U_{BE}}{R_B + (1+\beta) R_E}$$

$$I_E = (1+\beta) I_B \approx I_C$$

$$U_{CE} = U_{CC} - I_E R_E$$

2. 动态分析

交流通路和微变等效电路如图 6.5（c）、（d）所示，电压放大倍数 $A_u = \dfrac{\dot{U}_o}{\dot{U}_i} = \dfrac{(1+\beta) R_L'}{r_{be} + (1+\beta) R_L'}$ 其

中 $\dot{U}_i = \dot{I}_b r_{be} + (1+\beta) \dot{I}_b R_L'$，$\dot{U}_o = \dot{I}_e R_L' = (1+\beta) \dot{I}_b R_L'$。

（1）共集电极放大电路电压放大倍数接近 1，但小于 1；$\dot{U}_o$ 与 $\dot{U}_i$ 同相。

（2）输入、输出电压近似相等且同相，即发射极电位跟随基极电位的变化，故射极输出器又称为电压跟随器。

输入电阻：射极输出器的输入电阻很高，可达几十千欧到几百千欧。

$$r_i = R_B /\!/ r_i'$$

$$r_i' = \frac{\dot{U}_i}{\dot{I}_b} = \frac{[r_{be} + R_L'(1+\beta)]\dot{I}_b}{\dot{I}_b} = r_{be} + R_L'(1+\beta)$$

$$r_i = R_B /\!/ [r_{be} + (1+\beta)R_L']$$

输出电阻：射极输出器的输出电阻很小，一般约为几十至几百欧。

$$R_S' = R_S /\!/ R_B, \quad r_o \approx \frac{r_{be} + R_S'}{\beta}$$

6.1.4　功率放大电路

功率放大器的任务是向负载提供足够大的功率，这就要求功率放大器不仅要有较高的输出电压，还要有较大的输出电流。功率放大电路有三种工作状态：甲类（放大效率不高）、乙类（存在失真）、甲乙类（存在失真）。因此在集成功率放大电路中，广泛采用互朴对称功率放大电路。互补对称的乙类功率放大电路如图 6.6（a）所示，图（b）所示的输入信号 u_i 可使三极管轮流导通，由图 6.6（c）和（d）可见，该电路实质上是两个射极输出器，一个工作在输入信号的正半周，另一个工作在输入信号的负半周，因此，$u_o \approx u_i$。另外，其输出电阻很小，可与负载电阻 R_L 直接匹配。i_{e1}、i_{e2} 都只是半个正弦波，但流过 R_L 的电流 i_o 和 R_L 上的电压 u_o 都是完整的正弦波，即实现了波形的合成，如图 6.6（e）所示。其最大不失真功率为 $P_{omax} = \dfrac{V_{CC}^2}{2R_L}$；电源功率为 $P_V = \dfrac{2}{\pi} \dfrac{U_{CC}U_{om}}{R_L}$；效率为 $\eta = \dfrac{\pi}{4} \dfrac{U_{om}}{U_{CC}}$。

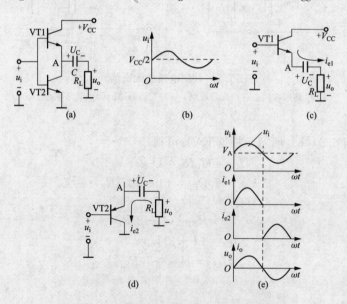

图 6.6　互补对称乙类功率放大电路及其波形

6.2　考 试 真 题 分 析

[6.1]（2013 公共基础试题）某放大器的输入信号 $u_1(t)$ 和输出信号 $u_2(t)$ 如图 6.7 所

示，则：（　　）

A. 该放大器是线性放大器　　　　B. 该放大器放大倍数为 2

C. 该放大器出现了非线性失真　　　D. 该放大器出现了频率失真

答案：C

解题过程：根据图 6.7 分析可得，放大器出现了非线性失真。

[6.2]（2013 公共基础试题）晶体三极管放大电路如图 6.8 所示，在并入电容 C_E 之后：

（　　）

A. 放大倍数变小

B. 输入电阻变大

C. 输入电阻变小，放大倍数变小

D. 输入电阻变大，输出电阻变小，放大倍数变大

答案：C

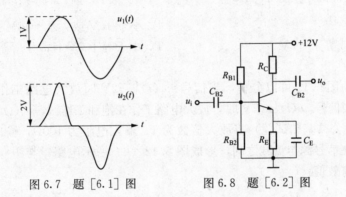

图 6.7　题 [6.1] 图　　　　　图 6.8　题 [6.2] 图

解题过程：根据图 6.8 可得，电容具有隔直通交的作用，并入电容后，当直流通路时，三极管射极电阻 R_E 接地。

输入电阻 $r_i = R_{B1} /\!/ R_{B2} /\!/ r_{be}$，电压放大倍数 $A_u = -\beta \dfrac{R'_L}{r_{be}}$，其中 $R'_L = R_C /\!/ R_L$。

电容未并入前，输入电阻 $R_i = R_{B1} /\!/ R_{B2} /\!/ \{r_{be} + (1+\beta)R_E\}$；电压放大倍数 $A_u = \dfrac{\beta R'_L}{r_{be} + (1+\beta)R_E}$。

因此并入电容后，输出电阻变小，电压放大倍数减小。

[6.3]（2012 公共基础试题）图 6.9 所示为共发射极单管电压放大电路，估算静态点 I_B、I_C、V_C 分别为：（　　）

A. $57\mu A$，$2.28mA$，$5.16V$

B. $57\mu A$，$2.28mA$，$8V$

C. $57\mu A$，$4mA$，$0V$

D. $30\mu A$，$2.28mA$，$5.16V$

答案：A

图 6.9　题 [6.3] 图

解题过程：根据题意求静态工作点，将图 6.9 中的电容断开进行计算，因为 $V_{CC} \gg 0.7V$（结电压 V_{BE}），则：

$$I_B = \frac{V_{CC} - V_{BE}}{R_B} = \frac{12 - 0.7}{200 \times 10^3} \approx 57(\mu A)$$

$$I_C = \beta I_B = 40 \times 57 = 2.28 (\text{mA})$$
$$V_{CE} = V_{CC} - R_C I_C = 12 - 3 \times 10^3 \times 2.28 \times 2.28^{-3} = 5.16 \text{V}$$

[6.4]（2011 公共基础试题）某模拟信号电路如图 6.10 所示，放大器输入与输出之间的关系如图 6.11 所示，那么，能够经该放大器得到 5 倍放大的输入信号 $u_i(t)$ 的最大值需要满足：（　　）

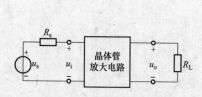

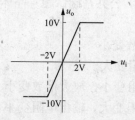

图 6.10　题 [6.4] 电路图　　　　　图 6.11　题 [6.4] 输出特性

A. 小于 2V

B. 小于 10V 或大于 -10V

C. 等于 2V 或等于 -2V

D. 小于等于 2V 且大于等于 -2V

答案：D

解题过程：由图 6.11 可以分析，当信号 $|u_i(t)| \geqslant 2\text{V}$ 时放大电路工作在线性工作区，$u_o(t) = 5u_i(t)$；当信号 $|u_i(t)| \leqslant 2\text{V}$ 时，放大电路工作在饱和工作区，$u_o(t) = \pm 10\text{V}$。

[6.5]（2009 公共基础试题）将放大倍数为 1、输入电阻为 100Ω，输出电阻为 50Ω 的射极输出器插接在信号源与负载之间，形成图 6.12（b）所示电路，与图 6.12（a）电路相比，负载电压的有效值：（　　）

A. $U_{L2} > U_{L1}$

B. $U_{L2} = U_{L1}$

C. $U_{L2} < U_{L1}$

D. 因为 U_s 未知，不能确定 U_{L1} 和 U_{L2} 之间的关系

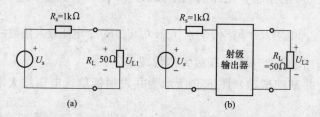

图 6.12　题 [6.5] 图

答案：C

解题过程：根据题意可知，

$$U_{L1} = \frac{R_L}{R_s + R_L} U_s = \frac{50}{1050} U_s, \quad U_{L2} = A_u \frac{R_L}{r_o + R_L} \times \frac{r_i}{r_i + R_s} U_s = 1 \times \frac{50}{50+50} \times \frac{100}{100+1000} U_s = \frac{50}{1100} U_s$$

[6.6]（2014 专业基础试题）放大电路如图 6.13（a）所示，晶体管的输出特性和交、直流负载线如图 6.13（b）所示。已知 $U_{BE} = 6\text{V}$，$r'_{bb} = 300\Omega$。试求在输出电压不产生失真

的条件下，最大输入电压的峰值为：（　　）

A. 78mV　　　　　　B. 62mV　　　　　　C. 38mV　　　　　　D. 18mV

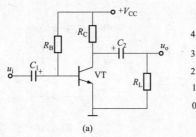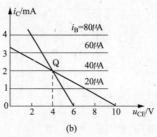

图 6.13　题［6.6］图

答案：C

解题过程：从图 6.13（b）可知，$V_{CC}=10V$，$I_{BQ}=40\mu A$，$I_{CQ}=2mA$，$U_{CEQ}=4V$。最大不失真输出电压幅值受截止失真的限制，输出电压峰值的最大值为 $U_{OP}=I_{CQ}R'_L=2V$。

根据 $U_{CEQ}=V_{CC}-I_{CQ}R_C$，可得 $R_C=\dfrac{V_{CC}-U_{CEQ}}{I_{CQ}}=\dfrac{10-4}{2\times10^{-3}}\Omega=3k\Omega$。根据 $U_{OP}=I_{CQ}R'_L$，

得 $R'_L=R_L//R_C=\dfrac{U_{OP}}{I_{CQ}}=\dfrac{2}{2\times10^{-3}}\Omega=1k\Omega$，$\beta=\dfrac{\Delta i_C}{\Delta i_B}=\dfrac{2-1}{(40-20)\times10^{-3}}=50$，$I_{EQ}=(1+\beta)I_{BQ}=$

$51\times40\times10^{-6}A=2040mA$，则 $r_{bb}=r_{bb'}+(1+\beta)\dfrac{26}{I_{EQ}}=\left(0.3+51\times\dfrac{26}{2040}\right)k\Omega=0.95k\Omega$，电路

的电压放大倍数 $\dot{A}_u=-\beta\dfrac{R'_L}{r_{be}}=-50\times\dfrac{1}{0.95}\approx-52.63$，则不失真时，最大输入电压的峰值

$U_{ip}=\dfrac{U_{Op}}{|\dot{A}_u|}=\dfrac{2}{52.63}V\approx38mV$。

6.3　考试模拟练习题

［6.7］如图 6.14 所示，放大电路产生失真的原因是：（　　）

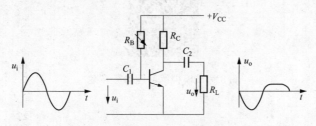

图 6.14　题［6.7］图

A. R_B 太小　　　　B. R_C 太小　　　　C. R_B 太大　　　　D. R_C 太大

［6.8］如图 6.15 所示，放大电路产生的失真是：（　　）

A. 饱和　　　　　　B. 截止　　　　　　C. 大信号　　　　　　D. 无法确定

［6.9］某晶体管放大电路的空载放大倍数 $A_K=-80$，输入电阻 $r_i=1k\Omega$ 和输出电阻 $r_o=3k\Omega$，将信号源（$u_s=10\sin\omega tmV$，$R_s=1k\Omega$）和负载（$R_L=5k\Omega$）接于该放大电路之

后，如图 6.16 所示，负载电压 u_o 将为：（　　）

A. $-0.8\sin\omega t\text{V}$　　　B. $-0.5\sin\omega t\text{V}$　　　C. $-0.4\sin\omega t\text{V}$　　　D. $-0.25\sin\omega t\text{V}$

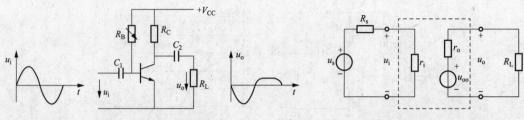

图 6.15　题［6.8］图　　　　　　　　图 6.16　题［6.9］图

［6.10］一个基本共射放大电路如图 6.17 所示，已知 $V_{CC}=12\text{V}$，$R_B=1.2\text{M}\Omega$，$R_C=2.7\text{k}\Omega$，晶体管的 $\beta=100$，且已测得 $r_{be}=2.7\text{k}\Omega$。若输入正弦电压有效值为 27mV，则用示波器观察到的输出电压波形是：（　　）

A. 正弦波　　　　　　　　　　　　B. 顶部削平的失真了的正弦波

C. 底部削平的失真了的正弦波　　　D. 顶部和底部都削平的梯形波

［6.11］电路如图 6.18 所示，其中 $R_L=8\Omega$。求下列功放的输出功率为：（　　）

A. 9W　　　　　　　B. 4.5W　　　　　　C. 2.75W　　　　　　D. 2.25W

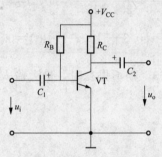
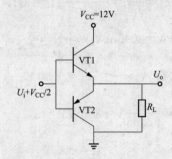

图 6.17　题［6.10］图　　　　　　　　图 6.18　题［6.11］图

6.3 考试模拟练习题参考答案

第7章 运算放大器

本章主要介绍了运算放大器及运算电路。公共基础考试大纲要求掌握的内容：运算放大器；反相运算放大电路；同相运算放大电路；基于运算放大器的比较器电路。专业基础考试大纲要求掌握的内容：掌握多级放大电路的计算；了解典型差动放大电路的工作原理；差模、共模、零漂的概念，静态及动态的分析计算，输入输出相位关系；集成组件参数的含义；了解反馈的概念、类型及极性；电压串联型负反馈的分析计算；了解正负反馈的特点；其他反馈类型的电路分析；不同反馈类型对性能的影响；自激的原因及条件；了解消除自激的方法，去耦电路；掌握集成运算放大器的特点及组成；了解多级放大电路的耦合方式；零漂抑制原理；了解复合管的正确接法及等效参数的计算；恒流源作有源负载和偏置电路；了解多级放大电路的频响；掌握理想运算放大器的虚短、虚断概念及其分析方法；反相、同相、差动输入比例器及电压跟随器的工作原理，传输特性；积分微分电路的工作原理；掌握实际运算放大器电路的分析；了解时数和指数运算电路工作原理，输入输出关系；乘法器的应用；了解模拟乘法器的工作原理。

7.1 知识点解析

7.1.1 多级放大电路

1. 耦合方式

（1）阻容耦合。用电容来连接单级放大电路是一种简单且常用的耦合方式。优点是各级的静态工作点都是相互独立的，便于静态值的分析、设计和测试；缺点是不适于传输缓慢变化的信号，而且在集成电路中由于难以制造大容量电容器，因而受到很大限制。

（2）变压器耦合。变压器耦合是以变压器作为耦合元件，利用磁路耦合实现交流信号的传输。除了隔离直流的优点以外，变压器耦合方式还可以在传递交流信号的同时实现阻抗变换。

（3）直接耦合。把前一级的输出端直接接到下一级的输入端。优点是既能放大交流信号，也能放大缓慢变化的信号和直流信号，便于集成化；缺点是存在各级工作点之间相互影响和零点漂移问题。

2. 参数计算

（1）电压放大倍数。

$$A_u = \frac{\dot{U}_o}{\dot{U}_i} = \frac{\dot{U}_{o1}}{\dot{U}_i} \frac{\dot{U}_{o2}}{\dot{U}_{o1}} \cdots \frac{\dot{U}_o}{\dot{U}_{o(n-1)}} = A_{u1} A_{u2} \cdots A_{un}$$

（2）输入电阻。

$$r_i = r_{i1}$$

（3）输出电阻。

$$r_o = r_{\text{末}}$$

7.1.2 放大电路中的反馈

电路中的反馈就是将电路的输出信号（电压或电流）的一部分或全部通过一定的电路（反馈电路）送回到输入端，与输入信号一同控制电路的输出。若引回的反馈信号使得净输入信号增大，为正反馈。正反馈致使电路工作不稳定，常用于振荡电路中。若引回的反馈信号使得净输入信号减小，为负反馈。负反馈的结果则使放大器的放大倍数减小，但可以改善放大电路的性能，常用于放大电路中。

1. 正反馈和负反馈

如果对输入信号起增强作用，则为正反馈；如果对输入信号起削弱作用，则为负反馈。

正反馈：反馈信号和输入信号加于输入回路一点时，瞬时极性相同；反馈信号和输入信号加于输入回路两点时，瞬时极性相反。

负反馈：反馈信号和输入信号加于输入回路一点时，瞬时极性相反；反馈信号和输入信号加于输入回路两点时，瞬时极性相同。

2. 电压反馈和电流反馈

电压反馈：反馈采样信号（电压或电流）与输出电压成正比。

电流反馈：反馈采样信号（电压或电流）与输出电流成正比。

判断：短路法。将输出电压"短路"，若反馈信号为 0，则为电压反馈，若反馈信号仍然存在，则为电流反馈。

3. 串联反馈和并联反馈

串联反馈：即反馈电路与放大电路输入端串联，反馈信号以电压的形式出现。

并联反馈：即反馈电路与放大电路输入端并联，反馈信号以电流的形式出现。

判断：输入节点法，反馈信号与输入信号加在放大电路输入回路的同一个电极，则为并联反馈；反之，加在放大电路输入回路的两个电极，则为串联反馈。

放大电路中引入负反馈可以降低放大倍数，提高放大倍数的稳定性，减小非线性失真，扩展通频带，负反馈对输入电阻、输出电阻的影响见表 7.1。

表 7.1　　　　　　　　　　　　负反馈对输入电阻、输出电阻的影响

类别 项目	电压串联负反馈	电压并联负反馈	电流串联负反馈	电流并联负反馈
输入电阻	增大	减小	增大	减小
输出电阻	减小	减小	增大	增大
特点	稳定输出电压		稳定输出电流	
用途	电压放大	电流—电压变换	电压—电流变换	电流放大

7.1.3 差分放大电路

1. 主要类型

双端输入—双端输出，双端输入—单端输出，单端输入—双端输出，单端输入—单端输出四种类型。

2. 主要特点

①电路具有对称性；②抑制零点漂移；③抑制共模信号；共模抑制比 $K_{CMRR} = 20\lg \left| \dfrac{A_d}{A_c} \right|$；④放大差模信号，差模电压放大倍数等于单管放大器的电压放大倍数。

7.1.4 运算放大器

1. 组成

集成运放的输入级通常采用差动放大电路，有同相和反相两个输入端，其输入电阻大，共模抑制比高；中间级由一级或多级共射电路构成，使集成运放获得很高的电压放大倍数；输出级直接与负载相连，为使集成运放有较强的带负载能力，一般采用互补对称放大电路。

2. 理想集成运算放大器分析依据

开环电压放大倍数 $A_{uo} \to \infty$；差模输入电阻 $r_{id} \to \infty$；开环输出电阻 $r_o \to 0$；共模抑制比 $K_{CMRR} \to \infty$。

3. 重要特性

虚断：$i_+ = i_- \approx 0$，虚短：$u_+ \approx u_-$。

4. 运放的线性运用

理想运放引入负反馈后，能够实现模拟信号之间的各种运算。在运算电路中，集成运放工作在线性区，以"虚短"和"虚断"为基本出发点，可求出输出电压和输入电压的运算关系式。

(1) 同相比例运算电路。电路如图 7.1 所示，分析电路可知：电压放大倍数：$A_f = \dfrac{u_o}{u_i} = 1 + \dfrac{R_f}{R_1}$。当 $R_f = 0$ 或 $R_1 = \infty$ 时，$u_o = u_i$，$A_f = 1$，这就是电压跟随器。

(2) 反相比例运算电路。电路如图 7.2 所示，分析电路可知：电压放大倍数：$A_f = \dfrac{u_o}{u_i} = -\dfrac{R_f}{R_1}$。当 $R_f = R_1$ 时，$u_o = -u_i$，该电路称为反相器。

(3) 加法运算电路。输入信号加在同相端，为同相加法运算电路，输入信号加在反相端，则为反相加法运算电路。应用叠加原理对每一个输入信号进行单独运算，最终再进行求和。信号单独作用时的运算与同相比例运算或反向比例运算电路的分析相类似。

(4) 求差运算电路。电路如图 7.3 所示，同样应用叠加原理分析电路可知，$u_o = u_o' + u_o'' = \left(1 + \dfrac{R_f}{R_1}\right)\dfrac{R_3}{R_2 + R_3}u_{i2} - \dfrac{R_f}{R_1}u_{i1}$；若取 $R_1 = R_2$，$R_3 = R_f$，则 $u_o = \dfrac{R_f}{R_1}(u_{i2} - u_{i1})$；若取 $R_1 = R_2 = R_3 = R_f$，则 $u_o = (u_{i2} - u_{i1})$，此时电路就是减法运算电路，故该电路可作为减法器使用。

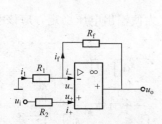

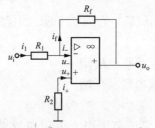
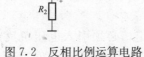
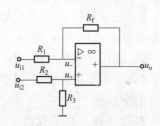

图 7.1 同相比例运算电路　　图 7.2 反相比例运算电路　　图 7.3 求差运算电路

(5) 积分运算电路。用电容器替换反相输入比例运算电路中的反馈电阻，可构成积分运算电路。积分运算电路具有延时和定时功能，常用于非正弦信号发生器和模数转换电路中。

(6) 微分运算电路。将积分运算电路中的电阻和电容互换即可。对高频噪声和干扰十分敏感，很少直接使用。

　　运放的线性运用电路还有很多，这里就不一一列举了，具体分析计算过程，请参照课本中的相应章节学习。

　　5. 运放的非线性运用

　　当运算放大器工作在开环状态或引入正反馈时，由于其放大倍数非常大，所以输出只能存在正、负饱和两个状态，即 $u_- > u_+$ 时，$u_o = -U_{om}$；$u_+ > u_-$ 时，$u_o = +U_{om}$。当运算放大器工作在此种状态时，称为运算放大器的非线性应用。

　　（1）基本电压比较器。基本电压比较器电路如图 7.4 所示，图（a）为电路图，图（b）为电压传输特性，分别为输入信号加在同相端和反相端两种不同情况。优点：电路简单，应用面广，灵敏度高。

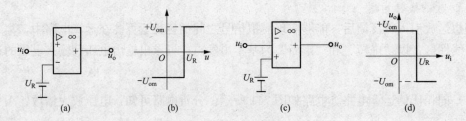

图 7.4　基本电压比较器

　　（2）迟滞电压比较器。迟滞电压比较器电路和电压传输特性如图 7.5 所示，比较器的基准电压，该基准电压与输出有关。当输出电压为正饱和值时，$u_o = +U_{om}$，则 $U'_R = U_{om} \cdot \dfrac{R_1}{R_1 + R_2} = U_{+H}$ 当输出电压为负饱和值时，$u_o = -U_{om}$，则 $U''_R = -U_{om} \cdot \dfrac{R_1}{R_1 + R_2} = U_{+L}$。电路引入了正反馈，进一步加强了非线性，加速输出电压的转换过程，改善输出波形；由于回差电压的存在，提高了电路的抗干扰能力。

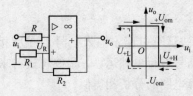

图 7.5　迟滞电压比较器

7.2　考 试 真 题 分 析

7.2.1　多级放大电路真题

　　[7.1]（2010、2009 专业基础试题）在图 7.6 所示电路中，为使输出电压稳定，应该引入的反馈是：（　　）

　　A. 电压并联负反馈　　B. 电流并联负反馈

　　C. 电压串联负反馈　　D. 电流串联负反馈

　　答案：A

　　解题过程：为了保持电压稳定，必须引入电压负反馈。根据图 7.6 所示电路的连接，该题应采用电压并联负反馈。

　　[7.2]（2016 专业基础试题）电路的闭环增益 40dB，基本放大电路增益变化 10%，反馈放大器的闭环增益相应变化 1%，此时电路开环增益为：（　　）

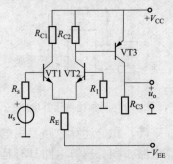

图 7.6　题 [7.1] 图

A. 60dB   B. 80dB   C. 100dB   D. 120dB

答案：B

解题过程：（1）放大倍数：$\dot{A}_f = \dfrac{\dot{X}_0}{\dot{X}_i} = \dfrac{\dot{A}}{1 + \dot{A}\dot{F}}$；

（2）负反馈使放大倍数稳定性提高，即：$\dfrac{\mathrm{d}A_f}{A_f} = \dfrac{1}{1+AF} \times \dfrac{\mathrm{d}A}{A} \Rightarrow 0.1\% = \dfrac{1}{1+AF} \times 10\%$，

则：$1 + AF = 100$；

（3）已知 $A_f = 40\mathrm{dB}$，则 $20\lg \dfrac{A}{1+AF} = 40\mathrm{dB}$，可得：$\dfrac{A}{1+AF} = 100$；求解可得：$A = 10000$，$F = 0.0099$，则开环增益为 $20\lg A = 80\mathrm{dB}$。

[7.3]（2012 专业基础试题）两个性能完全相同的放大器，其开路电压增益为 80dB，$R_i = 2\mathrm{k}\Omega$，$R_0 = 3\mathrm{k}\Omega$，现将两放大器级联构成两级放大器，则其开路电压增益为：（   ）

A. 40dB   B. 32dB   C. 30dB   D. 20dB

答案：A

解题过程：放大器的开路电压增益 $\dot{A}_u = 20\lg \dfrac{\dot{U}_0}{\dot{U}_i} = 20\mathrm{dB}$，则 $\dfrac{\dot{U}_0}{\dot{U}_i} = 10$。两放大器级联，则

$\dfrac{\dot{U}_0}{\dot{U}_i} = \dfrac{\dot{U}_{01}}{\dot{U}_{i1}} \times \dfrac{\dot{U}_{02}}{\dot{U}_{i2}} = 100$，则总开路电压增益为 $20\lg 100 = 40\mathrm{dB}$。

[7.4]（2013 专业基础试题）如图 7.7 所示电路，图中 R_W 是调零电位器（计算时可设滑动端在 R_W 的中间），且已知 VT1，VT2 均为硅管，$U_{BE1} = U_{BE2} = 0.7\mathrm{V}$，$\beta_1 = \beta_2 = 60$。电路的差模电压放大倍数为：（   ）

A. -102

B. -65.4

C. -50.7

D. -45.6

答案：C

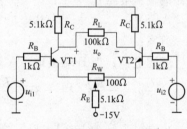

图 7.7   题 [7.4] 图

解题过程：从图 7.7 可知 $V_{CC} = 15\mathrm{V}$、$-V_{EE} = -15\mathrm{V}$，电路两边完全对称，从直流等效电路可得

$$I_C \approx I_E \approx \frac{V_{EE} - U_{BE}}{2R_E} = \frac{15 - 0.7}{2 \times 5.1 \times 10^3}\mathrm{A} = 1.4\mathrm{mA}$$

$$r_{be} = r'_{bb} = 300 + (1 + \beta)\frac{26}{I_{EQ}} = 300 + (1 + 60)\frac{26}{1.4}\Omega = 1.433\Omega$$

则差模电压放大倍数为

$$A_{ud} = \frac{\Delta u_{Od}}{\Delta u_{Id}} = -\frac{\beta\left(R_C \dfrac{R_L}{2}\right)}{R_B + r_{be} + (1+\beta)\dfrac{R_W}{2}} = \frac{60 \times \left(5.1 \times \dfrac{100}{2}\right)}{1 + 1.443 + (1+60) \times \dfrac{100}{2} \times 10^{-3}} = -50.64$$

[7.5]（2016 专业基础试题）电路如图 7.7 所示，其中电位器 R_W 的作用是：（   ）

A. 提高 K_{CMR} B. 调零   C. 提高 $|A_{ud}|$ D. 减小 $|A_{ud}|$

答案：B

解题过程：图 7.7 中 R_W 是调零电位器。

7.2.2 运算放大电路真题

[7.6]（2016 公共基础试题）运算放大器应用电路如图 7.8 所示，设运算放大器输出电压的极限值为 ±11V，如果将 −2.5V 电压接入 "A" 端，而 "B" 端接地后，测得输出电压为 10V。如果将 −2.5V 电压接入 "B" 端，而 "A" 端接地，则该电路的输出电压 u_o 等于：
（　）

A. 10V

B. −10V

C. −11V

D. −12.5V

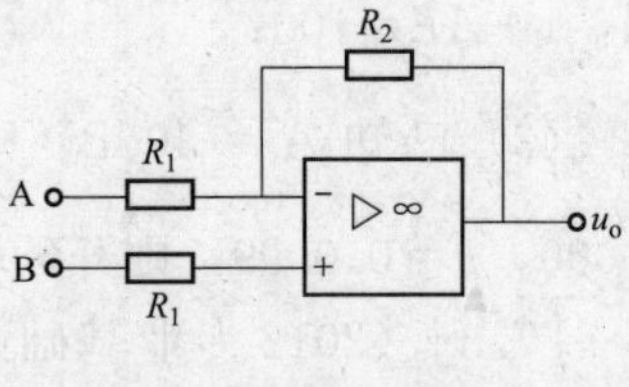

答案：D

图 7.8　题 [7.6] 图

解题过程：当 B 端接地，A 端输入 −2.5V 时，图 7.6 所示电路为反相比例放大电路，则 $u_o = -\dfrac{R_2}{R_1}u_1 = -\dfrac{R_2}{R_1} \times (-2.5) = 10V, \dfrac{R_2}{R_1} = 4$。当 A 端接地，B 端输入 −2.5V 时为同相比例放大电路，则：$u_o = \left(1 + \dfrac{R_2}{R_1}\right)u_1 = (1+4) \times (-2.5)V = -12.5V$。

[7.7]（2014 公共基础试题）运算放大器应用电路如图 7.8 所示，设运算放大器输出电压的极限值为 ±11V，如果将 2V 电压接入电路的 "A" 端，电路的 "B" 端接地后，测得输出电压为 −8V，那么，如果将 2V 电压接入电路的 "B" 端，而电路的 "A" 端接地，则该电路的输出电压 u_o 等于：（　）

A. 8V　　　　　B. −8V　　　　　C. 10V　　　　　D. −10V

答案：C

解题过程：当 B 端接地，A 端输入 2V 时，图 7.8 所示电路为反相比例放大电路，则 $u_o = -\dfrac{R_2}{R_1}u_1 = -\dfrac{R_2}{R_1} \times 2 = -8V, \dfrac{R_2}{R_1} = 4$。当 A 端接地，B 端输入 2V 时为同相比例放大电路，则：$u_o = \left(1 + \dfrac{R_2}{R_1}\right)u_1 = (1+4) \times 2V = 10V$。

[7.8]（2011 公共基础试题）图 7.9（a）所示运算放大器的输出与输入之间的关系如图 7.9（b）所示，若 $u_i = 2\sin\omega t\, mV$，则 u_o 为：（　）

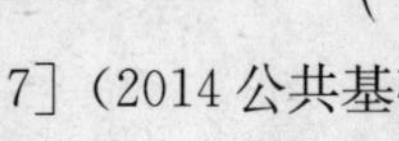

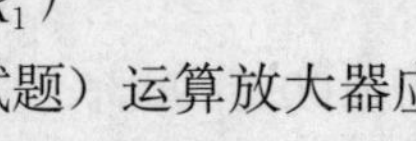

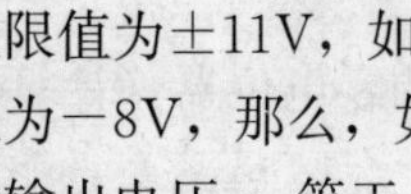

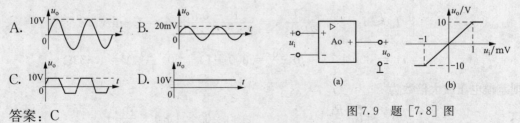

答案：C

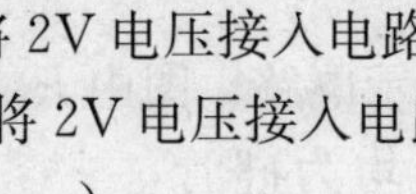

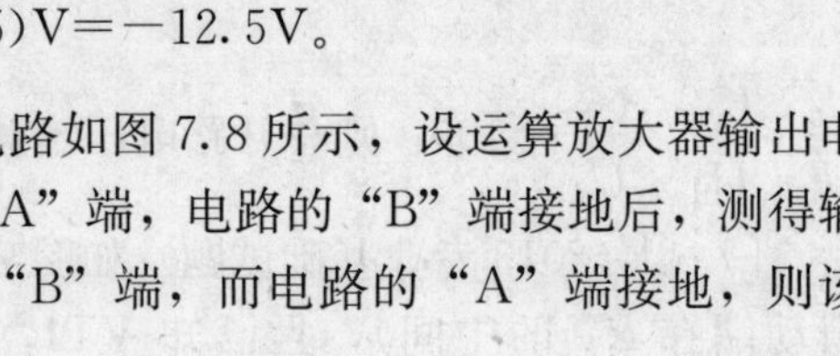

图 7.9　题 [7.8] 图

解题过程：由图 7.9 可以分析，当信号 $|u_i(t)| > 1V$ 时放大电路工作在线性工作区，$u_o(t) = 10u_i(t)$；当信号 $|u_i(t)| < 1V$ 时放大电路工作在非线性工作区，$u_o(t) = \pm 10V$。

[7.9]（2010 公共基础试题）将运算放大器直接用于两信号的比较，如图 7.10（a）所示，其中，$u_{i2} = -1V$，u_{i1} 的波形由图 7.10（b）给出，则输出电压 u_o 等于：（　）

A. u_{i1}

B. $-u_{i2}$

C. 正的饱和值

D. 负的饱和值

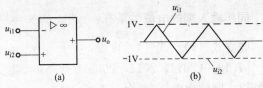

图 7.10 题 [7.9] 图

答案：D

解题过程：该电路为电压比较电路，u_{i2} 为基准电压。当 $u_{i1} > u_{i2}$ 时，$u_o = -u_{omax}$ （负饱和）；当 $u_{i1} < u_{i2}$ 时，$u_o = +u_{omax}$ （正饱和）；根据给定波形分析可见，u_{i1} 始终大于 u_{i2}，则输出电压 u_o 处于负饱和状态。

[7.10]（2013 专业基础试题）在图 7.11 所示电路的电压增益表达式为：（   ）

A. $-R_1/R_F$ B. $R_1/(R_F + R_1)$

C. $-R_F/R_1$ D. $-(R_F + R_1)/R_1$

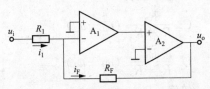

图 7.11 题 [7.10] 图

答案：C

解题过程：电路的反馈系数、闭环互阻增益和闭环电压放大倍数分别如下：

$$\dot{F}_g = \frac{\dot{I}_F}{\dot{U}_o} = \frac{-\dfrac{\dot{U}_o}{R_F}}{\dot{U}_o} = -\frac{1}{R_F}$$

$$\dot{A}_{rf} = \frac{\dot{U}_0}{\dot{I}_i} \approx \frac{1}{\dot{F}_g} = -R_F$$

$$\dot{A}_{uf} = \frac{\dot{U}_0}{\dot{U}_i} = \frac{\dot{U}_0}{R_1 \dot{I}_i} = \frac{\dot{A}_{rf}}{R_1} = \frac{-R_F}{R_1}$$

[7.11]（2014 专业基础试题）试将正弦波电压移相 $+90°$，应选用的电路为：（   ）

A. 比例运算电路   B. 加法运算电路   C. 积分运算电路   D. 微分运算电路

答案：C

解题过程：积分运算电路的输入输出关系 $u_o = -\dfrac{1}{RC}\displaystyle\int u_1 \, \mathrm{d}t$。当输入信号为正弦波电压时，$u_1 = \sin t$，则其输出为 $u_o = -\dfrac{1}{RC}\cos t$。而 $\sin(90° + t) = \cos t$，因此选项 C 正确。

[7.12]（2017 专业基础试题）如图 7.12 所示，运放的放大倍数 u_o/u_i 为：（   ）

A. 10   B. -10 C. 11   D. -11

答案：C

解题过程：设运放 A_2 的输出电压为 u_{o2}，根据图 7.12 可知：$u_o = u_{A2+} = u_{A2-} = u_{o2} = u_{o1}$ (1)

运放 A_2 由虚短概念可知：$u_{A1+} = u_{A1-}$ (2)

根据虚断概念有反相输入端的电流：

$$\frac{-u_{A1-}}{2} + \frac{u_{o2} - u_{A1-}}{20} = \frac{u_{o2} - 11u_{A1-}}{20} = 0 \quad (3)$$

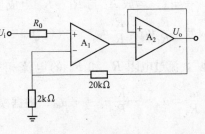

图 7.12 题 [7.12] 图

同相输入端的电流关系有： 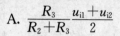 $\dfrac{u_i - u_{A1+}}{R_0} = \dfrac{u_i - u_{A1-}}{R_0} = 0$ (4)

联立式（1）~式（4）可得： $u_o / u_i = 11$。

[7.13]（2014，2011，2009 专业基础试题）电路如图 7.13 所示，设运算放大器有理想的特性，则输出电压 u_o 为：（ ）

A. $\dfrac{R_3}{R_2+R_3} \dfrac{u_{i1}+u_{i2}}{2}$

B. $\dfrac{R_3}{R_2+R_3}(u_{i1}+u_{i2})$

C. $\dfrac{R_3}{R_2+R_3}(u_{i1}-u_{i2})$

D. $\dfrac{R_3}{R_2+R_3}(u_{i2}-u_{i1})$

答案：D

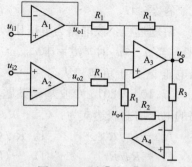

图 7.13　题 [7.13] 图

解题过程：根据图 7.13 可知：运放 A_1，A_2 构成电压跟随器，则 $u_{o1}=u_{i1}$，$u_{o2}=u_{i2}$；运放 A_4 组成反相输入比例运算电路，则 $u_{o4}=-\dfrac{R_2}{R_3}u_o$；运放 A_3 组成差分比例运算电路，则 $u_{o4}=-u_{o1}+2u_{+3}$，$u_{+3}=\dfrac{u_{o2}+u_{o4}}{2}$；联立以上各式解得 $u_o=\dfrac{R_3}{R_2+R_3}(u_{i2}-u_{i1})$。

[7.14]（2010 专业基础试题）电路如图 7.14 所示，集成运放和模拟乘法器均为理想元件，模拟乘法器的乘积系数 $k>0$，u_o 应为：（ ）

A. $\sqrt{u_{i1}^2+u_{i2}^2}$　　B. $k\sqrt{u_{i1}^2+u_{i2}^2}$　　C. $\sqrt{k(u_{i1}^2+u_{i2}^2)}$　　D. $\sqrt{ku_{i1}u_{i2}}$

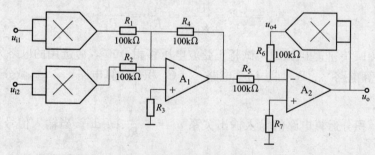

图 7.14　题 [7.14] 图

答案：A

解题过程：图 7.14 所示电路中，输入端两个模拟乘法器的输出电压分别为 $u_{o1}=ku_{i1}^2$，$u_{o2}=ku_{i2}^2$。运放 A_1 与 $R_1 \sim R_4$ 组成反相求和运算电路，其输出电压可通过叠加原理求得：$u_{o3}=-\dfrac{R_4}{R_1}u_{o1}-\dfrac{R_4}{R_2}u_{o2}=-u_{o1}-u_{o2}=-k(u_{i1}^2+u_{i2}^2)$；运放 A_2 的两个输入端电位为零，是"虚地"，流过电阻 R_5 和 R_6 的电流相等，因此 A_2 的反相输入端的电流：$i_{R_5}=i_{R_6} \Rightarrow \dfrac{u_{o3}}{R_5}=-\dfrac{u_{o4}}{R_6} \Rightarrow u_{o4}=-\dfrac{R_6}{R_5}u_{o3}=-u_{o3}$；根据模拟乘法器的输入得其输出电压 $u_{o4}=ku_o^2$；由于 $k>0$，经过平方运算后，$u_{o1}>0$，$u_{o2}>0$。因此，$u_{o3}<0$，$u_{o4}>0$，则 $u_o>0$，有：$u_o=\sqrt{\dfrac{u_{o4}}{k}}=$

$\sqrt{\dfrac{-u_{o3}}{k}}=\sqrt{\dfrac{k(u_{i1}^2+u_{i2}^2)}{k}}=\sqrt{u_{i1}^2 u_{i2}^2+}$，该电路可实现开平方和运算。

[7.15] （2016、2013 专业基础试题）电路如图 7.15 所示，已知 $R_1=R_2$，$R_3=R_4=R_5$，且运放的性能均为理想。$\dot A_u=\dfrac{\dot U_o}{\dot U_i}$ 的表达式为：（ ）

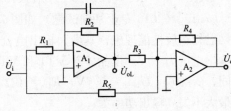

图 7.15 题 [7.15] 图

A. $-\dfrac{\mathrm j\omega R_2 C}{1+\mathrm j\omega R_2 C}$
B. $\dfrac{\mathrm j\omega R_2 C}{1+\mathrm j\omega R_2 C}$

C. $-\dfrac{\mathrm j\omega R_3 C}{1+\mathrm j\omega R_3 C}$
D. $\dfrac{\mathrm j\omega R_3 C}{1+\mathrm j\omega R_3 C}$

答案：A

解题过程：$\dot A_{u1}=\dfrac{\dot U_{o1}}{\dot U_i}=-\dfrac{R_2\dfrac{1}{\mathrm j\omega C}}{R_1}=-\dfrac{R_2}{R_1}\times\dfrac{1}{1+\mathrm j\omega R_2 C}=-\dfrac{1}{1+\mathrm j\omega R_2 C}$；$\dot U_o=-\dfrac{R_4}{R_3}\dot U_{o1}-\dfrac{R_4}{R_5}$

$\dot U_i=-\dot U_{o1}-\dot U_i=-\dot A_{u1}\dot U_i-\dot U_i$；$\dot A_u=\dfrac{\dot U_o}{\dot U_i}=\dfrac{-\dot A_{u1}\dot U_i-\dot U_i}{\dot U_i}=-\dot U_i-1=-\dfrac{\mathrm j\omega R_2 C}{1+\mathrm j\omega R_2 C}$。

[7.16] （2012 专业基础试题）已知某放大器的频率特性表达式为 $A(\mathrm j\omega)=\dfrac{200\times10^6}{\mathrm j\omega+10^6}$，该放大器的中频增益为：（ ）

A. 200
B. 200×10^6
C. 120dB
D. 160dB

答案：A

解题过程：已知某放大器的频率特性为 $A(\mathrm j\omega)=\dfrac{200\times10^6}{\mathrm j\omega+10^6}=200\times\dfrac{1}{1+10^{-6}\mathrm j\omega}$，则放大器的增益为 200，截止角频率为 10^6。

[7.17] （2017，2013 专业基础试题）电路如图 7.16 所示，设运放是理想器件，电阻 $R_1=10\mathrm{k}\Omega$，为使该电路能产生正弦波，则要求 R_F 为：（ ）

A. $R_F=10\mathrm k\Omega+4.7\mathrm k\Omega$（可调）

B. $R_F=100\mathrm k\Omega+4.7\mathrm k\Omega$（可调）

C. $R_F=18\mathrm k\Omega+4.7\mathrm k\Omega$（可调）

D. $R_F=4.7\mathrm k\Omega+4.7\mathrm k\Omega$（可调）

答案：C

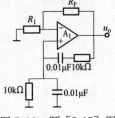

图 7.16 题 [7.17] 图

解题过程：如图 7.16 所示电路为正弦波振荡电路，为了满足自行起振的条件，电路的放大倍数应大于或等于 3，即 $A_V=1+\dfrac{R_F}{R_1}=1+\dfrac{R_P+R_2}{R_1}//3$，则 $R_F=R_P+R_2//2R_1=20\mathrm k\Omega$。

[7.18] （2016 年专业基础试题）电路如图 7.17 所示，下列说法正确的是：（ ）

A. 能输出 159Hz 的正弦波

B. 能输出 159Hz 的方波

C. 能输出 159Hz 的三角波

D. 不能输出任何波形

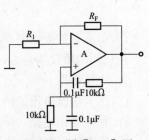

图 7.17 题 [7.18] 图

答案：A

解题过程：根据图 7.17 所示，RC 文氏桥式正弦波发生电路可知，其固有振荡频率为：

$$f_0 = \frac{1}{2\pi RC}, \quad \omega_0 = \frac{1}{RC} = \frac{1}{10\times10^3\times0.1\times10^{-6}} = 1\times10^3 = 2\pi f_0 \quad f_0 = 159.15\text{Hz}.$$

[7.19]（2016 专业基础试题）如图 7.18 所示电路中，已知运放性能理想，其最大输出电流为 15mA，最大输出电压为 15V。设晶体管 VT1 和 VT2 的性能完全相同，$\beta = 60$，$|U_{BE}| = 0.7$V，$R_L = 10\Omega$，那么，电路的最大不失真输出功率为：（　　）

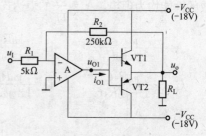

图 7.18　题 [7.19] 图

A. 4.19W　　　　　B. 11.25W

C. 16.7W　　　　　D. 5.63W

答案：A

解题过程：已知运放的 $I_{olm} = 15$mA，$U_{olm} = 15$V，根据图 7.18 可知，功率放大电路最大的输出电流幅值为：$I_{om} \approx I_{em} = (1+\beta)I_{olm} = 0.915$A；功率放大电路最大的输出电压幅值为：$U_{om} \approx U_{olm} = 15$V；当 $R_L = 10\Omega$ 时，因为 $\frac{U_{om}}{R_L} = 1.5\text{A} > I_{om} = 0.915$A，受输出电流的限制，电路最大不失真输出功率为：$P_{om} = \frac{1}{2}I_{om}^2 R_L = 0.5\times(0.915)^2\times10 \approx 4.19$W。

[7.20]（2011，2010 专业基础试题）在图 7.19 所示电路中，A 为理想运算放大器，三端集成稳压器的 2、3 端之间的电压用 U_{REF} 表示，则电路的输出电压可表示为：（　　）

A. $U_O = (U_I + U_{REF})\dfrac{R_2}{R_1}$

B. $U_O = U_I\dfrac{R_2}{R_1}$

C. $U_O = U_{REF}\left(1 + \dfrac{R_2}{R_1}\right)$

D. $U_O = U_{REF}\left(1 + \dfrac{R_1}{R_2}\right)$

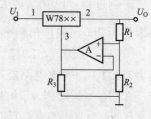

图 7.19　题 [7.20] 图

答案：C

解题过程：图 7.19 所示电路中的运算放大器 A 构成电压跟随器，电阻 R_1 两端电压等于 U_{REF}，电路的输出电压 $U_O = \dfrac{U_{REF}}{R_1}(R_1 + R_2)$。

7.3　考试模拟练习题

[7.21] 某放大器要求其输出电流几乎不随负载电阻的变化而变化，且信号源的内阻很大，应选用的负反馈是：（　　）

A. 电压串联　　　　B. 电压并联　　　　C. 电流串联　　　　D. 电流并联

[7.22] 电流负反馈的作用为：（　　）

A. 稳定输出电流，降低输出电阻　　　　B. 稳定输出电流，提高输出电阻

C. 稳定输出电压，降低输出电阻　　　　D. 稳定输入电流，提高输出电阻

[7.23] 负反馈所能抑制的干扰和噪声是:(　　)

A. 反馈环内的干扰和噪声　　　　B. 反馈环外的干扰和噪声

C. 输入信号所包含的干扰和噪声　　D. 输出信号所包含的干扰和噪声

[7.24] 在图 7.20 所示电路中,为使输出电压稳定,应该引入的反馈方式是:(　　)

A. 电压并联负反馈

B. 电流并联负反馈

C. 电压串联负反馈

D. 电流串联负反馈

[7.25] 减少电流源提供电流,增加带负载能力,应采用的反馈是:(　　)

A. 电压串联　　　　B. 电压并联

C. 电流串联　　　　D. 电流并联

[7.26] 某双端输入、单端输出的差分放大电路

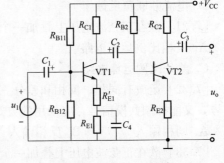

图 7.20　题 [7.24] 图

的差模电压放大倍数为 200,当两个输入端并接 $u_i=1V$ 的输入电压时,输出电压 $\Delta u_O=100mV$。那么,该电路的共模电压放大倍数和共模抑制比分别为:(　　)

A. -0.1, 200　　　B. -0.1, 2000　　　C. -0.1, -200　　　D. 1, 2000

[7.27] 电路如图 7.21 所示,参数满足 $R_{C1}=R_{C2}=R_C$, $R_{B1}=R_{B2}=R_B$, $\beta_1=\beta_2=\beta$, $r_{be1}=r_{be2}=r_{be}$,电位器滑动端调在中点,则该电路的差模输入电阻 R_{id} 为:(　　)

A. $2(R_B+r_{be})$

B. $\dfrac{1}{2}\left[R_B+r_{be}+(1+\beta)\dfrac{R_W}{2}\right]$

C. $\dfrac{1}{2}\left[R_B+r_{be}+(1+\beta)\dfrac{R_W}{2}+2(1+\beta)R_E\right]$

D. $2(R_B+r_{be})+(1+\beta)R_W$

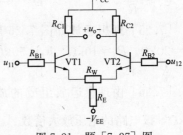

图 7.21　题 [7.27] 图

[7.28] 图 7.22 (a) 所示电路中,运算放大器输出电压的极限值为 $\pm U_o$。当输入电压 $u_{i1}=1V$, $u_{i2}=2\sin\omega t V$ 时,输出电压波形如图 7.22 (b) 所示,那么,如果将 u_{i1} 从 1V 调至 1.5V,将会使输出电压的:(　　)

A. 频率发生改变　　　B. 幅度发生改变　　　C. 平均值升高　　　D. 平均值降低

[7.29] 由集成运放组成的放大电路如图 7.23 所示,反馈类型为:(　　)

A. 电流串联负反馈　　B. 电流并联负反馈　　C. 电压串联负反馈　　D. 电压并联负反馈

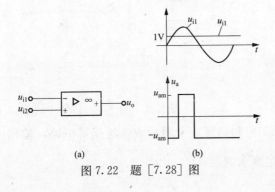

图 7.22　题 [7.28] 图

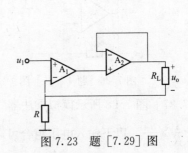

图 7.23　题 [7.29] 图

[7.30] 电路如图 7.24 所示，电路的反馈类型为：（　　）

A. 电压串联负反馈

B. 电压并联负反馈

C. 电流串联负反馈

D. 电流并联负反馈

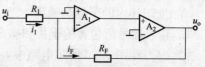

图 7.24　题 [7.30] 图

[7.31] 欲在正弦波电压上叠加一个直流量，应选用的电路为：（　　）

A. 反相比例运算电路　　　　　　　　B. 同相比例运算电路

C. 差分比例运算电路　　　　　　　　D. 同相输入求和运算电路

[7.32] 运放有同相、反相和差分三种输入方式，为了使集成运算放大器既能放大差模信号，又能抑制共模信号，应采用的方式为：（　　）

A. 同相输入　　　　B. 反相输入　　　　C. 差分输入　　　　　D. 任何一种输入方式

[7.33] 欲在正弦波电压上叠加一个直流量，应选用的电路为：（　　）

A. 反相比例运算电路　　　　　　　　B. 同相比例运算电路

C. 差分比例运算电路　　　　　　　　D. 同相输入求和运算电路

[7.34] 图 7.25 所示电路的电压增益表达式为：（　　）

A. $-\dfrac{R_1}{R_F}$　　　　　　B. $-\dfrac{R_1}{R_F+R_1}$

C. $-\dfrac{R_F}{R_1}$　　　　　　D. $-\dfrac{R_F+R_1}{R_1}$

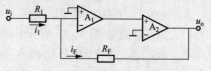

图 7.25　题 [7.34] 图

[7.35] 理想运放如图 7.26 所示，若 $R_1=5\text{k}\Omega$，$R_2=20\text{k}\Omega$，$R_3=10\text{k}\Omega$，$R_4=50\text{k}\Omega$，$u_{i1}-u_{i2}=0.2\text{V}$，则输出电压 u_O 为：（　　）

A. -4V　　　　　B. 4V　　　　　C. -40V　　　　　D. 40V

[7.36] 由理想运放组成的放大电路如图 7.27 所示，若 $R_1=R_3=1\text{k}\Omega$，$R_2=R_4=10\text{k}\Omega$，该电路的电压放大倍数 $A_V=\dfrac{u_o}{u_{i1}-u_{i2}}$ 为：（　　）

A. -5　　　　　B. -10　　　　　C. 5　　　　　D. 10

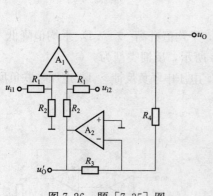

图 7.26　题 [7.35] 图

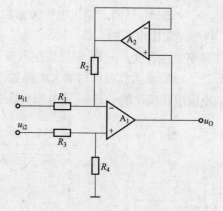

图 7.27　题 [7.36] 图

[7.37] 图 7.28 所示模拟乘法器（$K>0$）和运算放大器构成除法运算电路，输出电压 $u_o=-\dfrac{1}{K}\times\dfrac{u_{i1}}{u_{i2}}$，以下输入电压组合可以满足要求的是：（　　）

A. u_{i1} 为正，u_{i2} 任意　　　　　　　　B. u_{i1} 为负，u_{i2} 任意

C. u_{i1}、u_{i2} 均为正　　　　　　　　　D. u_{i1}、u_{i2} 均为负

[7.38] 设图 7.29 所示电路中模拟乘法器（$K>0$）和运算放大器均为理想器件。该电路可以实现的运算功能为：（　　）

A. 乘法　　　　　　B. 除法　　　　　　C. 加法　　　　　　D. 减法

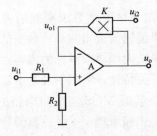
图 7.28　题 [7.37] 图

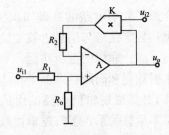
图 7.29　题 [7.38] 图

[7.39] 电路如图 7.30 所示，输出波形正确的是：（　　）

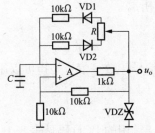
图 7.30　题 [7.39] 电路图

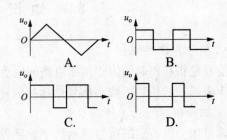

[7.40] 电路如图 7.31 所示，其中运算放大器 A 的性能理想。若 $u_i=\sqrt{2}\sin\omega t\,\text{V}$，那么，电路的输出功率 P_{om} 为：（　　）

A. 6.25W　　　　　　B. 12.5W

C. 20.25W　　　　　D. 25W

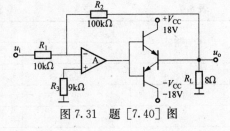
图 7.31　题 [7.40] 图

7.3 考试模拟练习题参考答案

第 8 章　数字电路基础

本章主要介绍了数字电路的基础知识。公共基础考试大纲要求掌握的内容：信号；信息；信号的分类；数字信号与信息；数字信号的逻辑编码与逻辑演算；数字信号的数值编码与数值运算；与、或、非门的逻辑功能。专业基础考试大纲要求掌握的内容：掌握数字电路的基本概念；掌握数制和码制；掌握半导体器件的开关特性；掌握三种基本逻辑关系及其表达方式；掌握 TTL 集成逻辑门电路的组成和特性；掌握 MOS 集成门电路的组成和特性；掌握逻辑代数基本运算关系；了解逻辑代数的基本公式和原理；了解逻辑函数的建立和四种表达方法及其相互转换；了解逻辑函数的最小项和最大项及标准与或式；了解逻辑函数的代数化简方法；了解逻辑函数卡诺图的画法、填写及化简方法。

8.1　知 识 点 解 析

1. 脉冲信号和数字信号

脉冲信号是指在短时间内作用于电路的电流和电压信号。数字信号是指可以用两种逻辑电平 0 和 1 来描述的信号。数字信号是脉冲信号的一种。

2. 常用的码制

编码就是用一组特定的符号表示数字、字母或文字。常用的 BCD 码见表 8.1。

表 8.1 　　　　　　　　　　　　　　常用的 BCD 码

十进制数	编码种类			
	8421 码	5421 码	2421 码	余 3 码
0	0000	0000	0000	0011
1	0001	0001	0001	0100
2	0010	0010	0010	0101
3	0011	0011	0011	0110
4	0100	0100	0100	0111
5	0101	1011	1011	1000
6	0110	1001	1100	1001
7	0111	1010	1101	1010
8	1000	1011	1110	1011
9	1001	1100	1111	1100
权	8421	5421	2421	无

3. 基本逻辑运算

最基本的逻辑关系或称逻辑运算有三种：与逻辑、或逻辑、非逻辑，见表 8.2。

表 8.2　　　　　　　　　　　　　　基 本 逻 辑 关 系

逻辑运算	条件	逻辑表达式	逻辑符号
与逻辑	条件同时具备，结果发生	$F=A \cdot B$	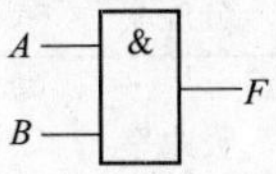
或逻辑	条件之一具备，结果发生	$F=A+B$	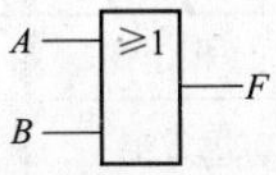
非逻辑	条件不具备，结果发生	$F=\bar{A}$	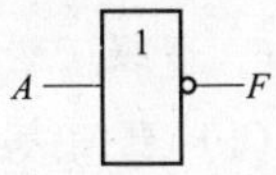

4. 逻辑代数的复合运算

常用的复合逻辑运算见表 8.3。

表 8.3　　　　　　　　　　　　常用的复合逻辑运算

逻辑运算	逻辑表达式	逻辑符号
与非逻辑	$F=\overline{AB}$	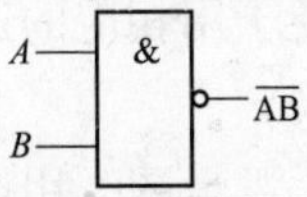
或非逻辑	$F=\overline{A+B}$	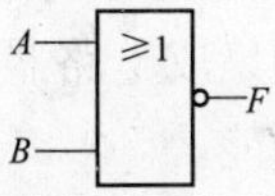
与或非逻辑	$F=\overline{AB+CD}$	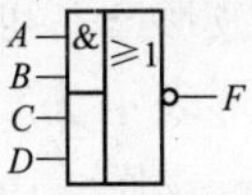
异或逻辑	$F=A\oplus B=A\bar{B}+\bar{A}B$	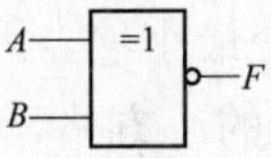
同或逻辑	$F=A\odot B=AB+\bar{A}\bar{B}$	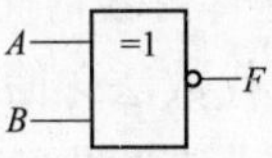

5. 基本定律和常用公式

逻辑运算基本定律和常用公式见表 8.4。

表 8.4　　　　　　　　　　　逻辑运算基本定律和常用公式

定律名称	公　　式		
	加	乘	非
基本定律	$A+0=A$	$A \cdot 1=A$	$A+\bar{A}=1$
	$A+1=1$	$A \cdot 0=0$	$A \cdot \bar{A}=0$
	$A+\bar{A}=1$	$A \cdot \bar{A}=0$	$\bar{\bar{A}}=A$
	$A+A=A$	$A \cdot A=A$	
交换律	$A+B=B+A$	$AB=BA$	
结合律	$A+(B+C)=(A+B)+C$	$A(BC)=(AB)C$	

定律名称	公　　　式		
分配率	$A(B+C)=AB+AC$	$A+BC=(A+B)(A+C)$	
吸收率	$A+AB=A$	$A(A+B)=A$	
	$A+\bar{A}B=A+B$	$A(\bar{A}+B)=AB$	
摩根定律	$\overline{AB}=\bar{A}+\bar{B}$	$\overline{A+B}=\bar{A}\bar{B}$	
包含率	$AB+\bar{A}C+BC=AB+\bar{A}C$		

6. 逻辑函数的表示

（1）真值表。将 n 个输入变量的 2^n 个状态及其对应的输出函数值列成一个表格。真值表的优点是：能够直观明了地反映出输入变量与输出变量之间的取值对应关系，而且当把一个实际问题抽象为逻辑问题时，使用真值表最为方便。真值表的主要缺点是：不能进行运算，而且当变量比较多时，真值表就会变得比较复杂。

（2）逻辑表达式。逻辑表达式的形式有多种，与或表达式是最基本的表达形式。逻辑表达式的优点是书写方便，形式简洁，不会因为变量数目的增多而变得复杂；便于运算和演变，也便于用相应的逻辑符号来实现；缺点是在反映输入变量与输出变量的取值对应关系时不够直观。

（3）逻辑图。用逻辑符号表示逻辑关系的图形表示法。逻辑图的优点：逻辑图形符号都有对应的集成电路器件，所以逻辑图比较接近于工程实际；层次分明地表示繁杂的实际电路的逻辑功能。

（4）波形图。也叫时序图，它是用变量随时间变化的波形来反映输入、输出间对应关系的一种图形表示法。

（5）卡诺图。由许多方格组成的阵列图。每一个小方格对应一个最小项，n 变量逻辑函数有 2^n 个最小项，因此 n 变量卡诺图中共有 2^n 个小方格。各小方格在排列时，应保证几何位置相邻的小方格，在逻辑上也相邻。卡诺图化简逻辑函数非常方便。

7. 逻辑函数的化简

（1）代数法化简。应用逻辑代数的基本定律、公式对逻辑函数进行化简。

（2）卡诺图化简法的步骤：①把逻辑函数式变换为标准与-或式（最小项之和的形式）；②画出该逻辑函数的卡诺图；③在卡诺图上画矩形圈，合并最小项。

（3）画圈时应遵循：①每个圈中只能包含 2^n 个"1格"（被合并的"1格"应该形成正方形或矩形），并且可消掉 n 个变量；②圈应尽量大，圈越大，消去的变量越多；③圈的个数应尽量少，圈越少，与项越少；④必要时某些"1格"可以重复被圈，但每个圈中至少要包含一个未被圈过的"1格"；⑤要保证所有"1格"全部被圈到，无几何相邻项的"1格"，独立构成一个圈；⑥每个圈合并为一个与项，最终的最简与或式为这些与项之和。

8. 逻辑函数的无关项

无关项在函数中可以为 0，也可以为 1，或不会出现的变量取值所对应的最小项称为随意项，也叫作约束项或无关项。含无关项的逻辑函数表达式在逻辑函数的化简中，充分利用随意项可以得到更加简单的逻辑表达式，因而其相应的逻辑电路也更简单。在化简过程中，无关项的取值可视具体情况取 0 或取 1。具体地讲，如果无关项对化简有利，则取 1；如果无关项对化简不利，则取 0。

8.2 考 试 真 题 分 析

8.2.1 信号基础真题

[8.1]（2017 公共基础试题）通过两种测量手段测得某管道中液体的压力和流量信号如图 8.1 中的曲线 1 和曲线 2 所示，由此可以说明：（　　）

A. 曲线 1 是压力的模拟信号

B. 曲线 2 是流量的模拟信号

C. 曲线 1 和曲线 2 均为模拟信号

D. 曲线 1 和曲线 2 均为连续信号

答案：D

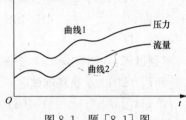

图 8.1　题〔8.1〕图

解题过程：曲线 1、曲线 2 均为连续信号。

[8.2]（2013 公共基础试题）关于信号与信息，如下几种说法中正确的是：（　　）

A. 电路处理并传输信号

B. 信号和信息是同一概念的两种表述形式

C. 用"1"和"0"组成的信息代码"1001"只能表示数量"3"

D. 信息是看得到的，信号是看不到的

答案：A

解题过程：信号是具体的，可对它进行加工、处理和传输；信息和数据是抽象的，它们都必须借助信号才能得以加工、处理和传输。信息隐含于信号之中，即信号是信息的表现形式。必须通过进行必要的分析和处理才能提取所需的信息。各种形态的信号中，电信号占有重要的位置，电路信号容易产生、加工、处理和传输。

[8.3]（2009 公共基础试题）模拟信号放大器是完成对输入模拟量：（　　）

A. 幅度的放大　　　　　　　　　　B. 频率的放大

C. 幅度和频率的放大　　　　　　　D. 低频成分的放大

答案：A

解题过程：模拟信号放大器包括信号幅度的放大和信号带载能力的增强两个目标，前者称为电压放大，后者称为功率放大。

[8.4]（2011 公共基础试题）在以下关于信号的说法中，正确的是：（　　）

A. 代码信号是一串电压信号，故代码信号是一种模拟信号

B. 采样信号是时间上离散、数值上连续的信号

C. 采样保持信号是时间上连续、数值上离散的信号

D. 数字信号是直接反映数值大小的信号

答案：B

解题过程：模拟信号是幅值随时间连续变化的时间信号；采样信号指的是时间离散，数值连续的信号；离散信号是指在某些不连续时间定义函数值的信号；数字信号是将幅值量化后并以二进制代码表示的离散信号。

［8.5］（2009 公共基础试题）数字信号如图 8.2 所示，如果用其表示数值，那么，该数字信号表示的数量是：（　　）

A. 3 个 0 和 3 个 1　　B. 一万零一十一

C. 3　　　　　　　　D. 19

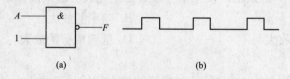

图 8.2　题［8.5］图

答案：D

解题过程：数字信号通常是用二进制代码表示，将该二进制代码表示为十进制数。$(010011)_B = 1 \times 2^4 + 1 \times 2^1 + 1 \times 2^0 = 16 + 2 + 1 = 19$。

［8.6］（2016 专业基础试题）8 进制数（234）转化为 10 进制数为：（　　）

A. 224　　　　　B. 198　　　　　C. 176　　　　　D. 156

答案：D

解题过程：$(234)_8 = (2 \times 8^2 + 3 \times 8^1 + 4 \times 8^0)_{10} = 156$。

［8.7］（2014 专业基础试题）二进制数（-1101）$_2$ 的补码为：（　　）

A. 11101　　　　B. 01101　　　　C. 00010　　　　D. 10011

答案：D

解题过程：二进制数（-1101）$_2$ 的原码为 11101，第一位为符号位是 1，原码 $N = 1101$，$n = 4$，则 $[1101]_\text{补} = 2^4 - 1101 = 0011$，加上符号位 1，（$-1101$）$_2$ 的补码为 10011。

［8.8］（2009 专业基础试题）$(1000)_{8421BCD} + (0110)_{8421BCD}$ 应为：（　　）

A. $(14)_O$　　　B. $(14)_H$　　　C. $(10110)_{8421BCD}$　　　D. $(1110)_{8421BCD}$

答案：C

解题过程：$(1000)_{8421BCD} = (8)_{10}$，$(0110)_{8421BCD} = (6)_{10}$，$(1000)_{8421BCD} + (0110)_{8421BCD} = (14)_{10} = (10110)_{8421BCD}$。

8.2.2　逻辑门电路真题

［8.9］（2011 公共基础试题）基本门如图 8.3（a）所示，其中，数字信号 A 由图 8.3（b）给出，那么，输出 F 为：（　　）

图 8.3　题［8.9］图

A. 1　　　　　　　　　　　　　　　B. 0

C. 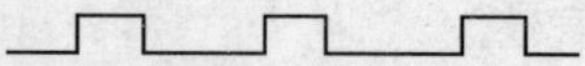 　　　　　　　　　　　　　　　D.

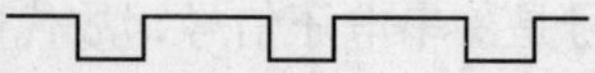

答案：D

解题过程：图 8.3（a）所示电路是"与非"门逻辑电路，逻辑功能 $F = \overline{AB} = \overline{A}$，功能：输入 A 为 1，输出为 0。输入 A 为 0，输出为 1。

［8.10］（2009 公共基础试题）数字信号 $B = 1$ 时，图 8.4 所示两种基本门的输出分别为：（　　）

A. $F_1 = A$，$F_2 = 1$　　B. $F_1 = 1$，$F_2 = A$　　C. $F_1 = 1$，$F_2 = 0$　　D. $F_1 = 0$，$F_2 = A$

答案：B

解题过程：图 8.4 （a）为或门，逻辑功能 $F=A+B$（输入有 1，输出为 1；输入全 0，输出为 0）。图 8.4 （b）为与门，一逻辑功能 $F=AB$（输入全 1，输出为 1；输入有 0，输出为 0）

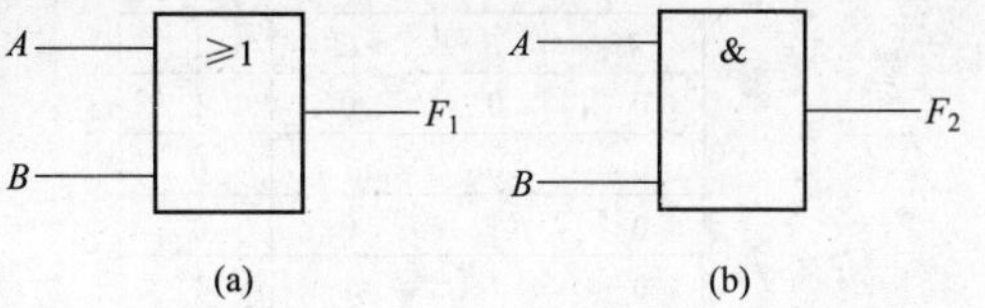

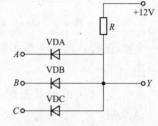

图 8.4 题 [8.10] 图

[8.11]（2012 公共基础试题）图 8.5 所示为三个二极管和电阻 R 组成的一个基本逻辑门电路，输入二极管的高电平和低电平分别是 3V 和 0V，电路的逻辑关系式是：（ ）

A. $Y=ABC$
B. $Y=A+B+C$
C. $Y=AB+C$
D. $Y=(A+B)C$

答案：A

解题过程：只有当 ABC 均为高电平时，3 个二极管都不导通，输出 Y 为高电平，否则为低电平。

图 8.5 题 [8.11] 图

[8.12]（2014 公共基础试题）已知数字信号 A 和数字信号 B 的波形如图 8.6 所示，则数字信号 $F=\overline{AB}$ 的波形为：（ ）

A. F
B. F
C. F
D. F

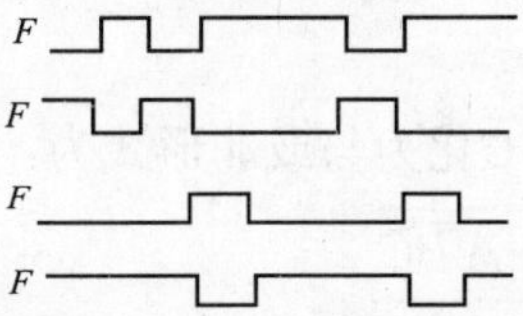

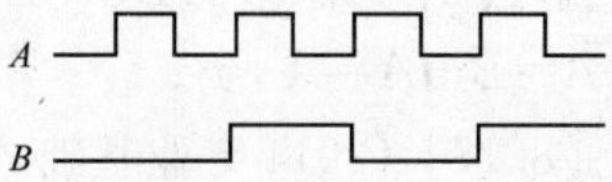

图 8.6 题 [8.12] 输入波形

答案：D

解题过程：$F=\overline{AB}$ 为与非功能，当 A、B 有一个为零时，F 为 1，当 A、B 均为 1 时，F 为零。

8.2.3 逻辑函数化简真题

[8.13]（2017 公共基础试题）对逻辑表达式 $AC+DC+\overline{ADC}$ 的化简结果是：（ ）

A. C
B. $A+D+C$
C. $AC+DC$
D. $\overline{A}+\overline{C}$

答案：A

解题过程：$F=AC+DC+\overline{ADC}=AC+DC+(\overline{A}+\overline{D})C=(A+\overline{A})C+(D+\overline{D})C=C$。

[8.14]（2016 公共基础试题）对逻辑表达式 $(A+B)(A+C)$ 的化简结果是：（ ）

A. A
B. $A^2+AB+AC+BC$
C. $A+BC$
D. $(A+B)(A+C)$

答案：C

解题过程：$(A+B)(A+C)=A+AC+AB+BC=A(1+B+C)+BC=A+BC$。

[8.15]（2014 公共基础试题）逻辑函数 $F=f(A、B、C)$ 的真值表如图 8.7 所示，由此可知下列等式正确的是：（ ）

A. $F=\overline{A}(\overline{B}C+B\overline{C})+A(\overline{BC}+BC)$
B. $F=\overline{B}\overline{C}+BC$
C. $F=\overline{B}C+B\overline{C}$
D. $F=\overline{A}+\overline{B}+\overline{B}\overline{C}$

答案：B

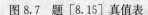

A	B	C	1
0	0	0	1
0	0	1	0
0	1	0	0
0	1	1	1
1	0	0	1
1	0	1	0

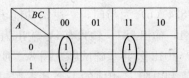

图 8.7 题 [8.15] 真值表　　　　图 8.8 题 [8.15] 卡诺图

解题过程：图 8.7 所示的逻辑关系表达式的卡诺图如图 8.8 所示。根据卡诺图化简得：

$F=\overline{B}\overline{C}+BC$

[8.16]（2013 公共基础试题）对逻辑表达式 $ABC+A\overline{B}\overline{C}+B$ 的化简结果是：（　　）

A. AB 　　　　B. $A+B$ 　　　　C. ABC 　　　　D. $A\overline{B}\overline{C}$

答案：B

解题过程：

解法 1：$ABC+A\overline{B}\overline{C}+B=A(BC+\overline{B}\overline{C})+B=A+B$；

解法 2：$ABC+A\overline{B}\overline{C}+B=B(AC+1)+\overline{\overline{ABC}}=B+A\overline{B}\overline{C}=\overline{\overline{B+A\overline{B}\overline{C}}}=\overline{\overline{B}\cdot(\overline{A}+BC)}=$
$\overline{\overline{B}\cdot\overline{A}}=B+A=A+B$。

[8.17]（2014 专业基础试题）将逻辑函数 $Y=AB+\overline{A}C+\overline{B}\overline{C}$ 化为与或非形式为：（　　）

A. $Y=\overline{\overline{AB}\,\overline{C}+\overline{A}\,\overline{B}C}$ 　　　　　　B. $Y=\overline{\overline{AB}\,\overline{C}+A\,\overline{B}C}$

C. $Y=\overline{\overline{AB}+A\,\overline{B}C}$ 　　　　　　D. $Y=\overline{\overline{AB}\,\overline{C}+A\,\overline{B}C}$

答案：D

解题过程：$Y=\overline{\overline{AB+\overline{A}C+\overline{B}\overline{C}}}$

$=\overline{\overline{AB}+\overline{\overline{A}C}\cdot\overline{(B+C)}}$（根据摩根定律 $\overline{AB}=\overline{A}+\overline{B}$）

$=\overline{(\overline{A}+\overline{B})\cdot(A+\overline{C})\cdot(B+C)}$（根据摩根定律 $\overline{AB}=\overline{A}+\overline{B}$）

$=\overline{(A\overline{A}+\overline{A}\overline{C}+BA+\overline{B}\overline{C})\cdot(B+C)}$（根据 $A\cdot\overline{A}=0$）

$=\overline{\overline{AB}\,\overline{C}+A\,\overline{B}C}$（根据 $A\cdot\overline{A}=0$）

[8.18]（2012、2013 专业基础试题）逻辑函数 $Y(A,B,C,D)=\sum m(0,1,2,3,4,6,8)+\sum d(10,11,12,13,14)$ 的最简与或式为：（　　）

A. $Y=\overline{AB}+\overline{D}$ 　　B. $Y=\overline{A}\,\overline{B}\,\overline{D}$ 　　C. $Y=\overline{A}+\overline{B}+\overline{D}$ 　　D. $Y=\overline{A}(\overline{B}+\overline{D})$

答案：A

解题过程：逻辑函数的卡诺图如图 8.9 所示，化简可得：$Y=\overline{A}\,\overline{B}+\overline{D}$。

[8.19]（2010 专业基础试题）逻辑函数 $L=\sum(0,1,2,3,4,6,8,9,10,11,12,14)$ 的最简与或式为：（　　）

$\begin{array}{c}CD\\AB\end{array}$	00	01	11	10
00	1	1	1	1
01	1			1
11	×	×		×
10	1		×	×

图 8.9 题 [8.18] 图

A. $L=\overline{B}\cdot\overline{D}$ 　　　　B. $L=\overline{B}+\overline{D}$

C. $L=\overline{BD}$ 　　　　　　D. $L=\overline{B}+D$

答案：B

解题过程：$L=\sum(0,1,2,3,4,6,8,9,10,11,12,14)=\overline{A}\overline{B}\,\overline{C}\overline{D}+\overline{A}BCD+AB\overline{C}\overline{D}+ABCD=$
$(\overline{A}+A)B\overline{C}\overline{D}+(\overline{A}+A)BCD=(\overline{C}+C)BD=\overline{B}D=\overline{B}+\overline{D}$。

[8.20]（2011 专业基础试题）已知用卡诺图化简逻辑函数 $L=\overline{A}\,\overline{B}C+A\overline{B}\,\overline{C}$ 的结果是 $L=A\oplus C$，那么，该逻辑函数的无关项至少有：（　　）

A. 2 个　　B. 3 个　　C. 4 个　　D. 5 个

答案：A

解题过程：逻辑函数 $L=\overline{A}\,\overline{B}C+A\overline{B}\,\overline{C}$ 的卡诺图如图 8.10（a）所示。$L=A\oplus C=\overline{A}C+A\overline{C}$ 的卡诺图如图 8.10（b）所示。因此，无关项有 2 个。

A \ BC	00	01	11	10
0		1		
1	0			

(a)

A \ BC	00	01	11	10
0		1	×	
1	1			×

(b)

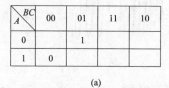

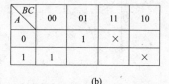

图 8.10　题 [8.20] 图

8.3　考试模拟练习题

[8.21] 设周期信号 $u(t)$ 的幅值频谱如图 8.11 所示，则该信号：（　　）

A. 是一个离散时间信号

B. 是一个连续时间信号

C. 在任意瞬间均取正值

D. 最大瞬时值为 1.5V

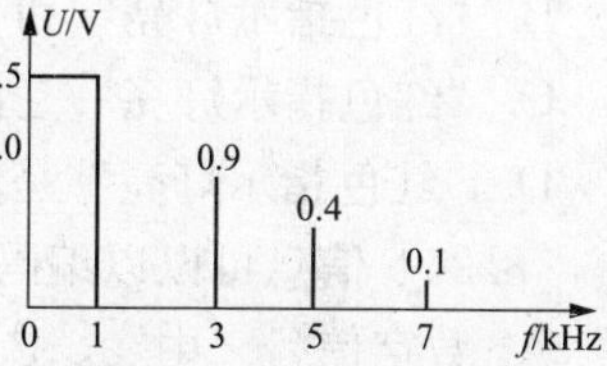

图 8.11　题 [8.21] 图

[8.22] 图 8.12 所示电压信号 u_o 是：（　　）

A. 二进制代码信号

B. 二值逻辑信号

C. 离散时间信号

D. 连续时间信号

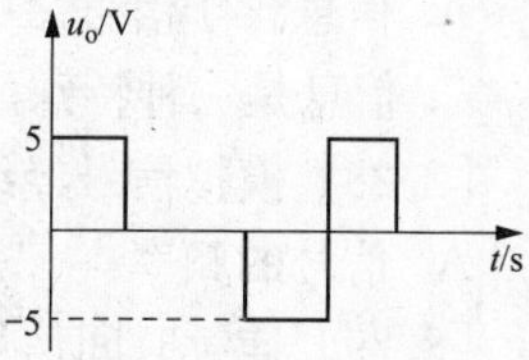

图 8.12　题 [8.22] 图

[8.23] 图 8.13 所示电路的任意一个输出端，在任意时刻都只出现 0V 或 5V 这两个电压值（例如，在 $t=t_0$ 的输出电压从上到下依次为 5、0、5、0V），那么该电路的输出电压：（　　）

A. 是取值离散的连续时间信号

B. 是取值连续的离散时间信号

C. 是取值连续的连续时间信号

D. 是取值离散的离散时间信号

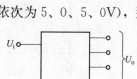

图 8.13　题 [8.23] 图

[8.24] 图 8.14 所示为电报信号、温度信号、触发脉冲信号和高频脉冲信号的波形，其中是连续信号的是：（　　）

A. (a)、(c)、(d)

C. (a)、(b)、(c)

B. (b)、(c)、(d)

D. (a)、(b)、(d)

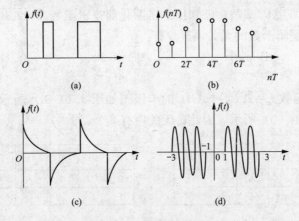

图 8.14　题 [8.24] 图

[8.25] 某空调器的温度设置为 25℃，当室温超过 25℃后，它便开始制冷，此时红色指示灯亮，并在显示屏上显示"正在制冷"字样，则：（　　）

A. "红色指示灯亮"和"正在制冷"均是信息

B. "红色指示灯亮"和"正在制冷"均是信号

C. "红色指示灯亮"是信号，"正在制冷"是信息

D. "红色指示灯亮"是信息，"正在制冷"是信号

[8.26] 信息可以以编码的方式载入：（　　）

A. 数字信号之中　　　B. 模拟信号之中　　　C. 离散信号之中　　　D. 采样保持信号之中

[8.27] 在如下关系信号和信息的说法中，正确的是：（　　）

A. 信息含于信号之中　　　　　　　　B. 信号含于信息之中

C. 信息是一种特殊的信号　　　　　　D. 同一信息只能承载在一种信号之中

[8.28] 模拟信号经线性放大器放大后，信号中被改变的量是：（　　）

A. 信号的频率　　　B. 信号的幅值频谱　　C. 信号的相位频谱　　D. 信号的幅值

[8.29] 连续时间信号与通常所说的模拟信号的关系是：（　　）

A. 完全不同　　　B. 是同一个概念　　　C. 不完全相同　　　D. 无法回答

[8.30] 十进制数字 88 的 BCD 码为：（　　）

A. 00010001　　　B. 10001000　　　C. 01100110　　　D. 01000100

[8.31] 十进制数 89 的 8421BCD 码为：（　　）

A. 10001001　　　B. 1011001　　　C. 1100001　　　D. 01001001

[8.32] 已知数字信号 A 和数字信号 B 的波形如图 8.15 所示，则数字信号为 $F=\overline{A+B}$ 的波形为：（　　）

A. 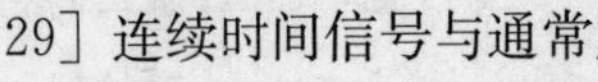 _F_

B. _F_

C. 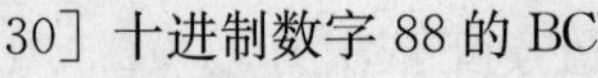 _F_

D. _F_

_A_

_B_

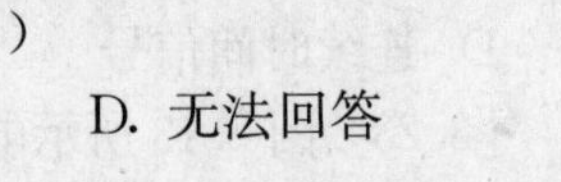

图 8.15　题 [8.32] 图

[8.33] 已知数字信号 A 和数字信号 B 的波形如图 8.16 所示。则数字信号 $F=A\overline{B}+\overline{A}B$ 的波形为：（　　）

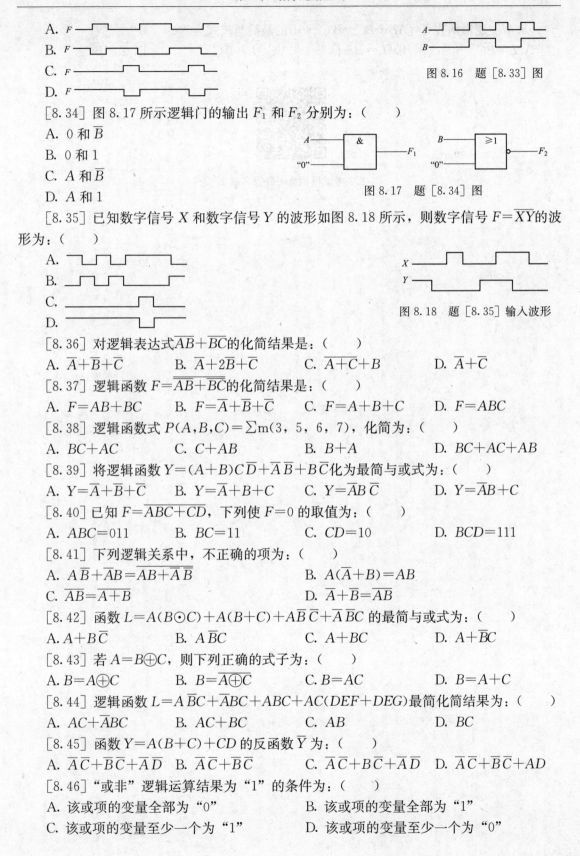

A. F

B. F

C. F

D. F

图 8.16　题 [8.33] 图

[8.34] 图 8.17 所示逻辑门的输出 F_1 和 F_2 分别为：（　　）

A. 0 和 $\bar{B}$

B. 0 和 1

C. A 和 $\bar{B}$

D. A 和 1

图 8.17　题 [8.34] 图

[8.35] 已知数字信号 X 和数字信号 Y 的波形如图 8.18 所示，则数字信号 $F=\overline{XY}$ 的波形为：（　　）

A.

B.

C.

D.

图 8.18　题 [8.35] 输入波形

[8.36] 对逻辑表达式 $\overline{AB}+\overline{BC}$ 的化简结果是：（　　）

A. $\bar{A}+\bar{B}+\bar{C}$　　　B. $\bar{A}+2\bar{B}+\bar{C}$　　　C. $\overline{A+C}+B$　　　D. $\bar{A}+\bar{C}$

[8.37] 逻辑函数 $F=\overline{\overline{AB}+\overline{BC}}$ 的化简结果是：（　　）

A. $F=AB+BC$　　　B. $F=\bar{A}+\bar{B}+\bar{C}$　　　C. $F=A+B+C$　　　D. $F=ABC$

[8.38] 逻辑函数式 $P(A,B,C)=\sum m(3,5,6,7)$，化简为：（　　）

A. $BC+AC$　　　C. $C+AB$　　　B. $B+A$　　　D. $BC+AC+AB$

[8.39] 将逻辑函数 $Y=(A+B)C\bar{D}+\bar{A}\bar{B}+B\bar{C}$ 化为最简与或式为：（　　）

A. $Y=\bar{A}+\bar{B}+\bar{C}$　　　B. $Y=\bar{A}+B+C$　　　C. $Y=\bar{A}B\bar{C}$　　　D. $Y=\bar{A}B+C$

[8.40] 已知 $F=\overline{ABC+CD}$，下列使 $F=0$ 的取值为：（　　）

A. $ABC=011$　　　B. $BC=11$　　　C. $CD=10$　　　D. $BCD=111$

[8.41] 下列逻辑关系中，不正确的项为：（　　）

A. $A\bar{B}+\bar{A}B=\overline{AB+\bar{A}\bar{B}}$　　　　　　　B. $A(\bar{A}+B)=AB$

C. $\overline{AB}=\bar{A}+\bar{B}$　　　　　　　　　　　　　D. $\bar{A}+\bar{B}=\overline{AB}$

[8.42] 函数 $L=A(B\odot C)+A(B+C)+A\bar{B}\bar{C}+\bar{A}BC$ 的最简与或式为：（　　）

A. $A+B\bar{C}$　　　B. $A\bar{B}C$　　　C. $A+BC$　　　D. $A+B\bar{C}$

[8.43] 若 $A=B\oplus C$，则下列正确的式子为：（　　）

A. $B=A\oplus C$　　　B. $B=\overline{A\oplus C}$　　　C. $B=AC$　　　D. $B=A+C$

[8.44] 逻辑函数 $L=A\bar{B}C+\bar{A}BC+ABC+AC(DEF+DEG)$ 最简化简结果为：（　　）

A. $AC+\bar{A}BC$　　　B. $AC+BC$　　　C. AB　　　D. BC

[8.45] 函数 $Y=A(B+C)+CD$ 的反函数 $\bar{Y}$ 为：（　　）

A. $\bar{A}\bar{C}+\bar{B}\bar{C}+\bar{A}D$　B. $\bar{A}\bar{C}+\bar{B}\bar{C}$　　　C. $\bar{A}\bar{C}+B\bar{C}+\bar{A}D$　D. $\bar{A}\bar{C}+\bar{B}\bar{C}+AD$

[8.46] "或非" 逻辑运算结果为 "1" 的条件为：（　　）

A. 该或项的变量全部为 "0"　　　　　　B. 该或项的变量全部为 "1"

C. 该或项的变量至少一个为 "1"　　　　D. 该或项的变量至少一个为 "0"

[8.47] 逻辑函数 $L=\overline{AB+\overline{BC}}+B\overline{C}+\overline{AB}$ 的最简与或式为：（　　　）

A. $L=\overline{BC}$　　　　　　B. $L=\overline{B}+\overline{C}$　　　　　　C. $L=\overline{B}\,\overline{C}$　　　　　　D. $L=BC$

8.3 考试模拟练习题参考答案

第 9 章　组合逻辑电路

本章主要介绍了组合逻辑电路的设计与分析。公共基础考试大纲要求掌握的内容：简单组合逻辑电路。专业基础考试大纲要求掌握的内容：掌握组合逻辑电路输入输出的特点；了解组合逻辑电路的分析、设计方法及步骤；掌握编码器、译码器、显示器、多路选择器及多路分配器的原理和应用；掌握加法器、数码比较器、存储器、可编程序逻辑阵列的原理和应用。

9.1　知 识 点 解 析

9.1.1　组合逻辑电路的分析

分析组合逻辑电路的一般步骤如下：

根据已知的逻辑电路图写出逻辑表达式→运用逻辑代数化简或变换→列出逻辑真值表→说明电路的逻辑功能。

9.1.2　组合逻辑电路的设计

设计组合逻辑电路的步骤及整个过程见图 9.1。

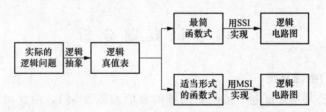

图 9.1　设计组合逻辑电路的步骤

9.1.3　集成组合逻辑部件

1. 加法器

加法器分为半加器和全加器。

（1）半加器是一种不考虑低位来的进位，只能对本位上的两个数相加的组合电路逻辑电路，如图 9.2 所示。其中 $C=AB$，$S=\overline{A}B+A\overline{B}=A\oplus B$。

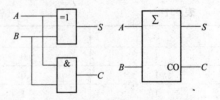

图 9.2　半加器的电路图和逻辑

（2）全加器是一种将低位来的进位连同两个加数三者一起来相加的组合电路。逻辑电路图如图 9.3（a）所示，也可用两个半加器来实现，读者可自行推导。图 9.3（b）示出全加器的逻辑符号。其中 $S_i=(A_i\oplus B_i)\oplus C_{i-1}$，$C_i=A_iB_i+(A_i\oplus B_i)C_{i-1}$。

2. 编码器

用数字、文字和符号来表示某一状态或信息的过程称为编码。实现编码功能的逻辑电路称为编码器。常见的集成编码器有 3-8 线编码器 74LS148，10-4 线编码器 74LS147。

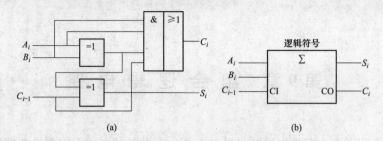

图 9.3　全加器的逻辑电路与逻辑符号

3. 译码器

译码是编码的逆过程，译码器的逻辑功能是将具有特定含义的代码译成对应的输出信号。常见的译码器有 3-8 线译码器 74LS138。二进制译码器的应用很广，典型的应用有以下几种：实现存储系统的地址译码；实现逻辑函数；用作数据分配器或脉冲分配器。

4. 数据选择器

数据选择器又称多路选择器，它能够实现从多路数据中选择一路进行传输。数据选择器的应用很广，典型的有以下两种：实现分时多路通信；实现组合逻辑函数。

5. 可编程序逻辑阵列 PLA

可编程序逻辑阵列 PLA 的基本核心电路为可编程序的与阵列和或阵列，在输出端采用三态门输出或集电极开路作为输出缓冲期，控制输出是否开启。因此将需要被实现的逻辑函数化简成最简的与一或式，对 PLA 的与、或阵列编程即可。PLA 中的与阵列、或阵列均为可编程结构，且与阵列为部分译码阵列，不是全译码阵列。

9.2　考试真题分析

9.2.1　逻辑门电路真题

[9.1]（2009 公共基础试题）某逻辑问题的真值表见表 9.1，由此可以得到，该逻辑问题的输入输出之间的关系为：（　　）

表 9.1 　　　　　　　　　　　　　　输入与输出的真值表

C	A	B	F
1	0	0	1
1	0	1	0
1	1	0	0
1	1	1	1

A. $F=0+1=1$　　B. $F=\overline{A}\,\overline{B}C+ABC$　C. $F=A\overline{B}C+ABC$　D. $F=\overline{A}\,\overline{B}+AB$

答案：B

解题过程：根据真值表所列的逻辑关系可得 $F=\overline{A}\,\overline{B}C+ABC$，把数据代入选项 B 中的公式进行验算。

当 $A=0$, $B=0$, $C=1$ 时，$F=\overline{A}\,\overline{B}C+ABC=1+0=1$；

当 $A=0$, $B=1$, $C=1$ 时，$F=\overline{A}\,\overline{B}C+ABC=0+0=0$；

当 $A=1$，$B=0$，$C=1$ 时，$F=\overline{A}\overline{B}C+ABC=0+0=0$；

当 $A=1$，$B=1$，$C=1$ 时，$F=\overline{A}\overline{B}C+ABC=0+1=1$；

[9.2]（2013 专业基础试题）电路如图 9.4 所示，若用 $A=1$ 和 $B=1$ 代表开关在向上位置，$A=0$ 和 $B=0$ 代表开关在向下的位置，以 $L=1$ 代表灯亮，$L=0$ 代表灯灭，则 L 与 A、B 的逻辑函数表达式为：（   ）

A. $L=A\odot B$

B. $L=A\oplus B$

C. $L=AB$

D. $L=A+B$

答案：B

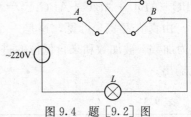

图 9.4　题 [9.2] 图

解题过程：根据图 9.4，列出真值表见表 9.2，根据真值表可知该逻辑函数实现的是异或功能。

表 9.2　　　　　　　　　　　　真　值　表

A	B	L
0	0	0
0	1	1
1	0	1
1	1	0

[9.3]（2010 专业基础试题）图 9.5 所示电路能实现的逻辑功能为：（   ）

A. 二变量异或

B. 两变量与非

C. 两变量或非

D. 二变量与

答案：A

解题过程：根据图 9.5 的结构和与非运算可得

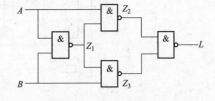

图 9.5　题 [9.3] 图

$$Z_1 = \overline{AB} \tag{1}$$

$$Z_2 = \overline{AZ_1} \tag{2}$$

$$Z_3 = \overline{BZ_1} \tag{3}$$

$$L = \overline{Z_2 Z_3} \tag{4}$$

将式（1）~式（3）代入式（4），利用逻辑代数的基本定律和常用公式可得

$$L = \overline{\overline{(\overline{AB} \cdot A)} \cdot \overline{(\overline{AB} \cdot B)}} = \overline{\overline{(\overline{AB} \cdot A)}} + \overline{\overline{(\overline{AB} \cdot B)}} = (\overline{AB} \cdot A) + (\overline{AB} \cdot B)$$

$$= (\overline{A}+\overline{B}) + (A+B) = \overline{A}A + \overline{A}B + A\overline{B} + B\overline{B} = \overline{A}B + A\overline{B} = A \oplus B$$

9.2.2　组合逻辑部件真题

[9.4]（2014 专业基础试题）如图 9.6 所示电路的逻辑功能为：（   ）

A. 全加器

B. 半加器

C. 表决器

D. 减法器

答案：A

解题过程：$Y_1 = ABC + (A+B+C) \cdot \overline{AB+AC+BC} =$
$ABC + A\overline{B}\,\overline{C} + \overline{A}B\,\overline{C} + \overline{A}\,\overline{B}C; Y_2 = AB + BC + AC$。

由真值表 9.3 可见，这是一个全加器电路。A，B，
C 为加数、被加数和来自低位的进位，Y_1 是和，Y_2 是进
位输出。

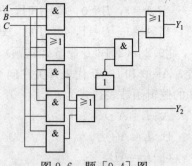

图 9.6　题 [9.4] 图

表 9.3　　　　　　　　　　　　　　真　值　表

A	B	C	Y_1	Y_2
0	0	0	0	0
0	0	1	1	0
0	1	0	1	0
0	1	1	0	1
1	0	0	1	0
1	0	1	0	1
1	1	0	0	1
1	1	1	1	1

[9.5]（2013 专业基础试题）在图 9.7 所示电路中，当开关 A，B，C 分别闭合时，电路
所实现的功能分别为：（　　）

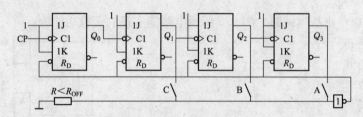

图 9.7　题 [9.5] 图

A. 八、四、二进制加法计数器　　　　　B. 十六、八、四进制加法计数器

C. 四、二进制加法计数器　　　　　　　D. 十六、八、二进制加法计数器

答案：A

解题过程：图 9.7 所示电路为 4 个下降沿触发的 JK 触发器组成。每一个 JK 触发器的
J、K 端接高电平 1，为计数型触发器；输入 CP 脉冲加到第一级触发器计数脉冲输入端，第
一级的 Q_0 端输出作为第二级的计数脉冲输入，以此类推，该电路为异步时序逻辑电路。当
开关 A 闭合时，2、3、4 级触发器的时钟脉冲由前一级的输出决定。列写中应将时钟脉冲作
为变量考虑进去。状态方程为：

$$Q_0^{n+1} = \overline{Q_0^n}CP_0 \downarrow = \overline{Q_0^n}CP \downarrow$$

$$Q_1^{n+1} = \overline{Q_1^n}CP_1 \downarrow = \overline{Q_1^n}Q_0^n \downarrow$$

$$Q_2^{n+1} = \overline{Q_2^n}CP_2 \downarrow = \overline{Q_2^n}Q_1^n \downarrow$$

$$Q_3^{n+1} = \overline{Q_3^n}CP_3 \downarrow = \overline{Q_3^n}Q_2^n \downarrow$$

因为 $\overline{R_D} = \overline{Q_3}$，当 $Q_3 = 1$ 时，计数状态为 1000 时，复位到 0，重新开始计数，则该电路是一个异步三位二进制加法器，即八进制加法计数器。

当开关 B 闭合时，2、3 级触发器的时钟脉冲由前一级的输出决定。因为 $\overline{R_D} = \overline{Q_2}$，当 $Q_2 = 1$ 时，计数状态为 100 时，复位到 0，重新开始计数，该电路是一个异步二位二进制加法器，即四进制加法计数器。

当开关 C 闭合时，2 级触发器的时钟脉冲由前一级的输出决定。因为 $\overline{R_D} = \overline{Q_1}$，当 $Q_1 = 1$ 时，计数状态为 10 时，复位到 0，重新开始计数，该电路是一个异步一位二进制加法器，即二进制加法计数器。

[9.6]（2012 专业基础试题）由 3-8 线译码器 74LS138 构成的逻辑电路如图 9.8 所示，该电路能实现的逻辑功能为：（　）

A. 8421BCD 码检测及四舍五入

B. 全减器

C. 全加器

D. 比较器

答案：C

解题过程：根据图 9.8 可得：

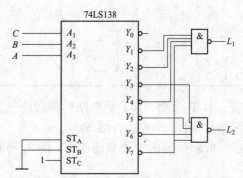

图 9.8 题 [9.6] 图

$$L_1(A,B,C) = \overline{\overline{Y_1}\ \overline{Y_2}\ \overline{Y_4}\ \overline{Y_7}} = m_1 + m_2 + m_4 + m_7$$
$$L_2(A,B,C) = \overline{\overline{Y_3}\ \overline{Y_5}\ \overline{Y_6}\ \overline{Y_7}} = m_3 + m_5 + m_6 + m_7$$

由上述表达式列出其真值表，见表 9.4。

表 9.4　真　值　表

输入			输出	
A	B	C	L_1	L_2
0	0	0	0	0
0	0	0	0	0
0	0	1	0	1
0	1	0	0	1
0	1	1	1	0
1	0	0	0	1
1	0	1	1	0
1	1	0	1	0
1	1	1	1	1

由真值表可知，该电路是一位全加器，其中 L_2 是进位输出，L_1 是和位输出。

[9.7]（2009 专业基础试题）如图 9.9 所示，电路实现的逻辑功能是：（　）

A. 三变量异或

B. 三变量同或

C. 三变量与非

D. 三变量或非

答案：A

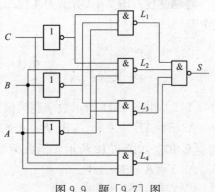

图 9.9 题 [9.7] 图

解题过程：（1）由逻辑图写出表达式并变换可以设中间变量 L_1、L_2、L_3、L_4，由输出到输入写出 S 的表达式为

$$S = \overline{L_1 \cdot L_2 \cdot L_3 \cdot L_4} = \overline{\overline{\overline{C}\,\overline{B}A} \cdot \overline{\overline{C}B\,\overline{A}} \cdot \overline{C\,\overline{B}\,\overline{A}} \cdot \overline{CBA}}$$
$$= \overline{C}\,\overline{B}A + \overline{C}B\,\overline{A} + C\,\overline{B}\,\overline{A} + CBA = C \oplus B \oplus A$$

（2）列逻辑真值表见表 9.5。

表 9.5　真　值　表

C	B	A	S
0	0	0	0
0	0	1	1
0	1	0	1
0	1	1	0
1	0	0	1
1	0	1	0
1	1	0	0
1	1	1	1

（3）由分析可知，该电路的功能是一个 3 输入奇校验电路，即当输入变量中 1 的个数为奇数时，输出 $S=1$；否则 $S=0$。

[9.8]（2016 专业基础试题）图 9.10 所示电路的逻辑功能为：（　　）

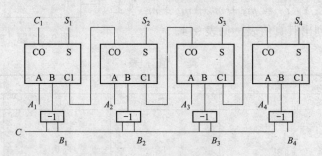

图 9.10　题 [9.8] 图

A. 四位二进制加法器　　　　　　　　B. 四位二进制减法器

C. 四位二进制加/减法器　　　　　　　D. 四位二进制比较器

答案：B

解题过程：图 9.10 所示为 4 位二进制加法器。将 C 置为 1，相当于加数输入端增加了一个非门。

9.3　考试模拟练习题

[9.9] 由图 9.11 所示数字逻辑信号的波形可知，三者的函数关系是：（　　）

A. $F = \overline{A}B$　　　　B. $F = \overline{A} + B$　　　　C. $F = AB + \overline{A}\,\overline{B}$　　　　D. $F = A\,\overline{B} + \overline{A}B$

[9.10] 如图 9.12 所示，函数 Y 的表达式为：（　　）

A. $Y = A + B + \overline{A}\,\overline{B}$　　　　　　　　B. $Y = AB + \overline{A}\,\overline{B}$

C. $Y = (\overline{A} + B)(A + \overline{B})$　　　　　　D. $Y = \overline{A}B + A\,\overline{B}$

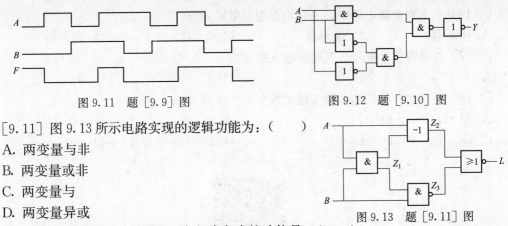

图 9.11　题 [9.9] 图　　　　　　　　图 9.12　题 [9.10] 图

[9.11] 图 9.13 所示电路实现的逻辑功能为：（　　　）

A. 两变量与非

B. 两变量或非

C. 两变量与

D. 两变量异或

图 9.13　题 [9.11] 图

[9.12] 电路如图 9.14 所示，该电路完成的功能是：（　　　）

A. 8 位并行加法器　　B. 8 位串行加法器　　C. 4 位并行加法器　　D. 4 位串行加法器

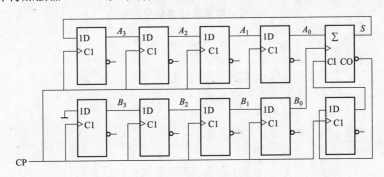

图 9.14　题 [9.12] 图

[9.13] PLA 编程后的阵列图如图 9.15 所示，该函数实现的逻辑功能为：（　　　）

A. 多数表决器

B. 乘法器

C. 减法器

D. 加法器

[9.14]（2011 专业基础试题）74LS253 芯片的作用是：（　　　）

A. 检测 5421 码

B. 检测 8421 码

C. 检测余三码

D. 检查加法器

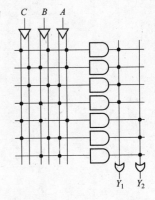

图 9.15　题 [9.13] 图

[9.15] 四选一数据选择器的数据输出 Y 与数据输入 Xi 和地址码 Ai 之间的逻辑表达式为：$Y=$（　　　）。

A. $\overline{A_1}\,\overline{A_0}X_0 + \overline{A_1}A_0X_1 + A_1\,\overline{A_0}X_2 + A_1A_0X_3$

B. $\overline{A_1}\,\overline{A_0}X_0$

C. $\overline{A_1}A_0X_1$

D. $A_1A_0X_3$

[9.16] 在下列逻辑电路中，不是组合逻辑电路的有（   ）。

A. 译码器   B. 编码器   C. 全加器   D. 寄存器

[9.17] 八路数据分配器，其地址输入端有（   ）个。

A. 1   B. 2   C. 3   D. 4

[9.18] 用四选一数据选择器实现函数 $Y = A_1A_0 + \overline{A_1}A_0$，应使（   ）。

A. $D_0 = D_2 = 0$，$D_1 = D_3 = 1$ B. $D_0 = D_2 = 1$，$D_1 = D_3 = 0$

C. $D_0 = D_1 = 0$，$D_2 = D_3 = 1$ D. $D_0 = D_1 = 1$，$D_2 = D_3 = 0$

9.3 考试模拟练习题参考答案

第 10 章 时 序 逻 辑 电 路

本章主要介绍了触发器及时序逻辑电路的分析与设计。公共基础考试大纲要求掌握的内容：D 触发器；JK 触发器；数码寄存器；脉冲计数器。专业基础考试大纲要求掌握的内容：了解 RS、D、JK、T 触发器的逻辑功能、电路结构及工作原理、触发方式、状态转换图（时序图）；掌握时序逻辑电路的特点及组成；了解时序逻辑电路的分析步骤和方法，计数器的状态转换表、状态转换图和时序图的画法；掌握计数器的基本概念、功能及分类；了解二进制计数器的分析；了解寄存器和移位寄存器的结构、功能和简单应用；了解计数型和移位寄存器型顺序脉冲发生器的结构、功能和分析应用；了解 TTL 与非门多谐振荡器、单稳态触发器、施密特触发器的结构、工作原理、参数计算和应用；了解逐次逼近和双积分模数转换工作原理；R-2R 网络数模转换工作原理；模数和数模转换器的应用场合；掌握典型集成数模和模数转换器的结构；了解采样保持器的工作原理。

10.1 知 识 点 解 析

10.1.1 触发器

触发器包括 RS 触发器、JK 触发器、D 触发器、T 触发器等，以下主要介绍最常用的两种触发器。

1. JK 触发器

（1）逻辑符号。

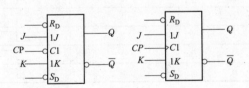

（2）功能表。

JK 触发器功能表如表 10.1 所示。

表 10.1　　　　　　　　　**JK 触发器功能表**

J	K	Q^{n+1}	功能说明
0	0	Q^n	保持
0	1	0	置0
1	0	1	置1
1	1	$\overline{Q^n}$	翻转

（3）特征方程。

$$Q^{n+1} = J\,\overline{Q^n} + \overline{K}Q^n$$

2. D 触发器

（1）逻辑符号。

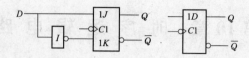

（2）功能表。

D 触发器功能表如表 10.2 所示。

表 10.2   **D 触发器功能表**

D	Q^{n+1}	功能说明
0	0	置 0
1	1	置 1

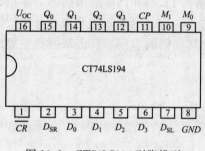

图 10.1   CT74LS194 引脚排列

（3）特征方程。

$$Q^{n+1} = D$$

10.1.2   时序逻辑电路

1. 寄存器

寄存器是一种用来暂时存放二进制数码的数字逻辑部件，是典型的时序电路。寄存器分为数码寄存器和移位寄存器。图 10.1 为四位双向移位寄存器 CT74LS194 的外脚引线排列图。其逻辑功能如表 10.3 所示。

表 10.3   **74LS194 功能表**

$\overline{CR}$	M_t	M_0	CP	功能
0	×	×	×	清零
1	0	0	×	清零
1	0	1	⌐	右移
1	1	0	⌐	左移
1	1	1	⌐	数据并行输入

2. 计数器

计数器是一种能够累计输入脉冲个数的逻辑电器。在数字系统中，其用途相当广泛，除计数器外，还可用作分频器、定时器。

（1）异步集成计数器 74LS90。

1）逻辑符号。

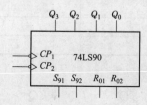

2）功能表。

计数器功能表如表 10.4 所示。

表 10.4　　　　　计 数 器 功 能 表

输入						输出				功能
R_{01}	R_{03}	S_{91}	S_{92}	CP_1	CP_2	Q_3	Q_2	Q_1	Q_0	
1	1	0	×	×	×	0	0	0	0	异步清 0
1	1	×	0	×	×	0	0	0	0	
×	×	1	1	×	×	1	0	0	1	异步置 9
$R_{01}R_{02}=0$		$S_{91}S_{92}=0$		$\downarrow$ $\times$ $\downarrow$ Q_3	$\times$ $\downarrow$ Q_0 $\downarrow$	二进制 五进制 8421BCD 码 5421BCD 码				计数

3）态序表。

计数器态序表如表 10.5 所示。

表 10.5　　　　　计 数 器 态 序 表

CP 顺序	8421BCD 码计数				5421BCD 码计数				十进制
	Q_3	Q_2	Q_1	Q_0	Q_0	Q_3	Q_2	Q_1	
0	0	0	0	0	0	0	0	0	0
1	0	0	0	1	0	0	0	1	1
2	0	0	1	0	0	0	1	0	2
3	0	0	1	1	0	0	1	1	3
4	0	1	0	0	0	1	0	0	4
5	0	1	0	1	1	0	0	0	5
6	0	1	1	0	1	0	0	1	6
7	0	1	1	1	1	0	1	0	7
8	1	0	0	0	1	0	1	1	8
9	1	0	0	1	1	1	0	0	9

（2）同步集成计数器 74LS161。

1）逻辑符号。

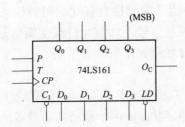

2）功能表。

功能表如表 10.6 所示。

表 10.6 **74LS161 功能表**

输入									输出			
CP	C_r	LD	P	T	D_3	D_2	D_1	D_0	Q_3	Q_2	Q_1	Q_0
×	0	×	×	×	×	×	×	×	0	0	0	0
↑	1	0	×	×	d	c	b	a	d	c	b	a
↑	1	1	1	1	×	×	×	×	计数			
×	1	1	0	1	×	×	×	×	保持			
×	1	1	×	0	×	×	×	×	保持（$O_C=0$）			

3. 计数器的应用

（1）反馈清 0 法。这种方法的基本思想是：计数器从全 0 状态 S_0 开始计数，计满 M 个状态后产生清 0 信号，使计数器恢复到初态 S_0，然后再重复上述过程。具体做法又分两种情况：

1）异步清 0：计数器在 $S_0 \sim S_{M-1}$ 共 M 个状态中工作，当计数器进入 S_M 状态时，利用 S_M 状态进行译码产生清 0 信号并反馈到异步清 0 端，使计数器立即返回 S_0 状态。由于是异步清 0，只要 S_M 状态一出现便立即被置成 S_0 状态，因此 S_M 状态只在极短的瞬间出现，通常称它为"过渡态"。在计数器的稳定状态循环中不包含 S_M 状态。

2）同步清 0：计数器在 $S_0 \sim S_{M-1}$ 共 M 个状态中工作，当计数器进入 S_{M-1} 状态时，利用 S_{M-1} 状态译码产生清 0 信号并反馈到同步清 0 端，要等下一拍时钟来到时，才完成清 0 动作，使计数器返回 S_0。

（2）反馈置数法。置数法和清 0 法不同，由于置数操作可以在任意状态下进行，因此计数器不一定从全 0 状态 S_0 开始计数。它可以通过预置功能使计数器从某个预置状态 S_i 开始计数，计满 M 个状态后产生置数信号，使计数器又进入预置状态 S_i，然后再重复上述过程。设计任意模值计数都需要经过以下三个步骤：

1）择模 M 计数器的计数范围，确定初态和末态；

2）确定产生清 0 或置数信号的译码状态，然后根据译码状态设计译码反馈电路；译码状态的确定：清零端（R_D）或预置数端（LD）为异步控制端时，译码态为有效状态的下一个状态。清零端（R_D）或预置数端（LD）为同步控制端时，译码态为末态；

3）画出模 M 计数器的逻辑电路。

（3）集成计数器的级联。将多片（或称多级）集成计数器进行级联可以扩大计数范围。片间级联的基本方式有两种：

1）异步级联：用前一级计数器的输出作为后一级计数器的时钟信号。这种信号可以取自前一级的进位（或借位）输出，也可直接取自高位触发器的输出。此时若后一级计数器有计数允许控制端，则应使它处于允许计数状态。

2）同步级联时，外加时钟信号同时接到各片的时钟输入端，用前一级的进位（借位）输出信号作为下级的工作状态控制信号（计数允许或使能信号）。只有当进位（借位）信号有效时，时钟输入才能对后级计数器起作用。

10.1.3 脉冲波形的产生

典型的矩形脉冲产生电路有双稳态触发电路、单稳态触发电路和多谐振荡电路三种类型。

双稳态触发电路具有两个稳定状态，两个稳定状态的转换都需要在外加触发脉冲的推动下才能完成，触发器就是典型的双稳态触发电路。

单稳态触发电路只有一个稳定状态，另一个是暂稳定状态，从稳定状态转换到暂稳态时必须由外加触发信号触发，从暂稳态转换到稳态是由电路自身完成的，暂稳态的持续时间取决于电路本身的参数。

多谐振荡电路能够自激产生脉冲波形，它的状态转换不需要外加触发信号触发，而完全由电路自身完成。因此它没有稳定状态，只有两个暂态。

脉冲整形电路能够将其他形状的信号，如正弦波、三角波和一些不规则的波形变换成矩形脉冲。施密特触发器就是常用的整形电路，它有两个特点：①能把变化非常缓慢的输入波形整形成数字电路所需要的矩形脉冲；②有两个触发电平，当输入信号达到某一额定值时，电路状态就会转换，因此它属于电平触发的双稳态电路。

1. 单稳态触发器

用 555 定时器组成的单稳触发器如图 10.2 所示。

（1）静止期：触发信号没有来到时，U_i 为高电平。如果 U_i 一直没有触发信号来到，电路就一直处于 $U_O = 0$ 的稳定状态。

（2）暂稳态：当 U_i 的下降沿到达时，由于 $U_6 = 0$、$U_2 < \frac{1}{3} V_{CC}$，使得 $RS = 10$，$U_O = 1$，VT1 截止，V_{CC} 开始通过电阻 R 向电容 C 充电。随着电容 C 充电的进行，U_C 不断上升，趋向值 $U_C(\infty) = V_{CC}$。当触发脉冲 U_i 消失后，U_O 保持高电平，在 $U_6 < \frac{2}{3} V_{CC}$、$U_2 > \frac{1}{3} V_{CC}$ 期间，RS 触发器状态保持不变，因此，U_O 一直保持高电平不变，电路处于暂稳态。但当 U_C 上升到 $U_6 > \frac{2}{3} V_{CC}$ 时，RS 触发器置 0，$U_O = 0$，VT1 导通，此时暂稳态结束，电路返回到初始的稳态。

（3）恢复期：U_C 导通后，电容 C 通过 VT1 迅速放电，使 $U_O = 0$，电路又恢复到稳态。当第二个触发信号到来时，又重复上述过程。单稳触发电路的用途：延时，将输入信号延迟一定时间（一般为脉宽 T_w）后输出。定时，产生一定宽度的脉冲信号。

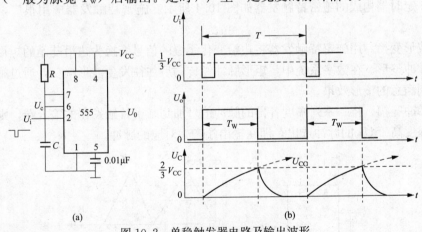

图 10.2 单稳触发器电路及输出波形

(a) 电路；(b) 波形

2. 多谐振荡器

用 555 定时器构成的多谐振荡器如图 10.3 所示。

（1）当电源接通时，电容 C 上电压 $U_C < \frac{1}{3} V_{CC}$，$R = 1$，$S = 0$，故 U_O 输出高电平，V_1 截止，电源 V_{CC} 通过 R_1 和 R_2 给电容 C 充电。随着充电的进行 U_C 逐渐增高。

（2）当电容电压上升到 $\frac{1}{3}V_{CC}<U_C<\frac{2}{3}V_{CC}$ 时，$R=1$，$S=1$，则输出电压 U_O 就一直保持高电平不变，这就是第一个暂稳态。

（3）当电容 C 上的电压上升到 $U_C=\frac{2}{3}V_{CC}$ 时，$R=0$，$S=1$，使输出电压 $U_O=0$，VT1 导通，此时电容 C 通过 R_2 和 VT1 放电，U_C 下降。但只要 $\frac{1}{3}V_{CC}<U_C<\frac{2}{3}V_{CC}$，$U_O$ 就一直保持低电平不变，这就是第二个暂稳态。电容 C 继续放电，U_C 继续下降。

（4）当下降到 $U_C=\frac{1}{3}V_{CC}$ 时，$R=1$，$S=0$，RS 触发器置 1，VT1 截止，电容 C 又开始充电，重复上述过程，电路输出便得到周期性的矩形脉冲。

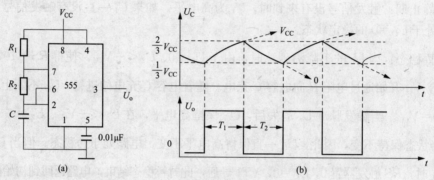

图 10.3　多谐振荡器电路及输出波形
（a）电路；（b）波形

3．施密特触发器

用 555 定时器构成的施密特触发器如图 10.4 所示。施密特触发器应用很广，主要有以下几方面：

（1）波形变换。用施密特触发器将边沿变化缓慢的信号变换为边沿陡峭的矩形脉冲。

（2）脉冲整形。在数字系统中，矩形脉冲经传输后往往发生波形畸变，通过施密特触发器，可得到满意的整形效果。

（3）脉冲鉴幅。将一系列幅度各异的脉冲信号加到施密特触发器的输入端，则施密特触发器能将幅度高于 U_+ 的脉冲选出，即在输出端产生对应的脉冲。

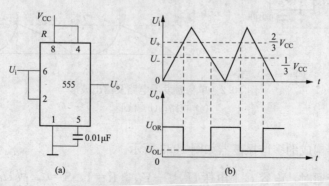

图 10.4　施密特触发器电路及输出波形
（a）电路；（b）波形

10.2 考试真题分析

[10.1] (2017) 图 10.5 (a) 所示电路中,复位信号$\overline{R_D}$、信号 A 及时钟脉冲信号 CP 如图 10.5 (b) 所示,经分析可知,在第一个和第二个时钟脉冲的下降沿时刻,输出 Q 先后等于:( )

A. 0,0   B. 0,1   C. 1,0   D. 1,1

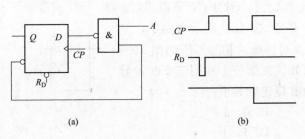

图 10.5 题 [10.1] 图

附:触发器的逻辑状态表 (见表 10.7)

表 10.7　　　　　　　　　　　　　题 [10.1] 表

D	Q_{n+1}
0	0
1	1

答案:A

解题过程:图 10.5 所示电路中触发脉冲 CP 上升沿有效,维持堵塞 D 触发器,上升沿触发 Q^{n+1} 由其状态方程 $Q^{n+1}=D$ 来决定,加到 D 端的输入信号必须在 CP 上升沿前存入 $\overline{R_D}$ 低电平有效(异步置0)$Q^{n+1}=D=\overline{A\,\overline{Q^n}}=\overline{A}+Q^n$,复位信号 $\overline{R_D}=0$ 有效,$\overline{R_D}=0$ 时,输出 $Q=0$,$\overline{Q}=1$。

第1个触发脉冲 CP 上升沿时刻后,$Q^{n+1}=0$;

第2个触发脉冲 CP 上升沿时刻后,$Q^{n+1}=0$。

[10.2] (2016、2014) 图 10.6 (a) 所示电路中,复位信号、数据输入及时钟脉冲信号 CP 如图 10.6 (b) 所示,经分析可知,在第一个和第二个时钟脉冲的下降沿时过后,输出 Q 先后等于:( )

A. 0,0

B. 0,1

C. 1,0

D. 1,1

附:触发器的逻辑状态表 (见表 10.8)

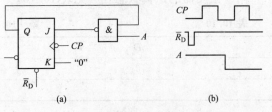

图 10.6 题 [10.2] 图

表 10.8   题［10.2］表

J	K	Q^{n+1}
0	0	Q_n
0	1	0
1	0	1
1	1	$\overline{Q}_d$

答案：D

解题过程：图 10.6 所示电路由下降沿触发的 JK 触发器组成。$J=\overline{AQ^n}$，$K=0$，$Q^{n+1}=J\overline{Q^n}+\overline{K}Q^n=1$。因此第 1、2 个脉冲 CP 下降沿后，$Q^{n+1}=1$。

［10.3］（2014）图 10.7（a）所示电路中，复位信号 $\overline{R_D}$、信号 A 及时钟脉冲信号 CP 如图 10.7（b）所示，经分析可知，在第一个和第二个时钟脉冲的上升沿时刻，输出 Q 先后等于：（ ）

A. 0，0   B. 0，1
C. 1，0   D. 1，1

附：触发器的逻辑状态表（见表 10.9）

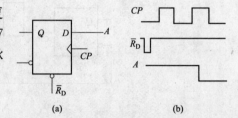

图 10.7 题［10.3］图

表 10.9   题［10.3］表

D	Q^{n+1}
0	0
1	1

答案：D

解题过程：10.7 所示电路中触发脉冲 CP 上升沿有效，$Q^{n+1}=D$。复位信号 $\overline{R_D}=0$ 有效，$\overline{R_D}=0$ 时，输出 $Q=0$，$\overline{Q}=1$。

第 1 个触发脉冲 CP 上升沿时刻，$A=1$，$Q^{n+1}=D=A=1$。

第 2 个触发脉冲 CP 上升沿时刻，$A=1$，$Q^{n+1}=D=A=1$。

［10.4］（2013）图 10.8（a）所示电路中，复位信号 $\overline{R_D}$、信号 A 及时钟脉冲信号 CP 如图 10.8（b）所示，经分析可知，在第一个和第二个时钟脉冲的上升沿时刻，输出 Q 先后等于：（ ）

A. 0，0   B. 0，1
C. 1，0   D. 1，1

附：触发器的逻辑状态表（见表 10.10）

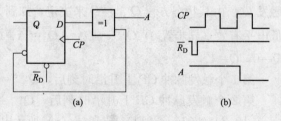

图 10.8 题［10.4］图

表 10.10   题［10.4］表

D	Q^{n+1}
0	1
1	1

答案：A

解题过程：图 10.8 所示电路中触发脉冲 CP 上升沿有效，$Q^{n+1}=D=A\oplus\overline{Q^n}$。复位信号 $\overline{R_D}=0$ 有效，$\overline{R_D}=0$ 时，输出 $Q=0$，$\overline{Q}=1$。

第 1 个触发脉冲 CP 上升沿时刻，$A=1$，$Q^{n+1}=D=A\oplus\overline{Q^n}=0$，$\overline{Q^{n+1}}=1$。

第 2 个触发脉冲 CP 上升沿时刻，$A=1$，$\overline{Q^n}=1$，$Q^{n+1}=D=A\oplus\overline{Q^n}=0$。

[10.5]（2013）图 10.9（a）所示电路中，复位信号、数据输入及时钟脉冲信号如图 10.9（b）所示，经分析可知，在第一个和第二个时钟脉冲的下降沿时过后，输出 Q 先后等于：（　　）

A. 0，0　　　　　　B. 0，1　　　　　　C. 1，0　　　　　　D. 1，1

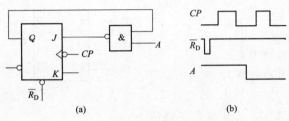

图 10.9　题 [10.5] 图

附：触发器的逻辑状态表（见表 10.11）

表 10.11　　　　　　　　　　　　　**题 [10.5] 表**

J	K	Q^{n+1}
0	0	Q^n
0	1	0
1	0	1
1	1	$\overline{Q^n}$

答案：C

解题过程：图 10.9 所示电路由下降沿触发的 JK 触发器组成。$J=\overline{AQ^n}$，$K=1$，$Q^{n+1}=J\overline{Q^n}+\overline{K}Q^n=\overline{Q^n}$。复位信号 $\overline{R_D}=0$ 有效，$\overline{R_D}=0$ 时，输出 $Q=0$，$\overline{Q}=1$。

第 1 个脉冲 CP 下降沿后，$Q^{n+1}=\overline{Q^n}=1$，$\overline{Q^{n+1}}=0$。

第 2 个脉冲 CP 下降沿后，$Q^{n+1}=\overline{Q^n}=0$。

[10.6]（2012）由两个主从型 JK 触发器组成的逻辑电路如图 10.10（a）所示，设 Q_1、Q_2 的初始态是 0、0，已知输入信号 A 和脉冲信号 CP 的波形如图 10.10（b）所示，当第二个 CP 脉冲作用后，Q_1、Q_2 将变为：（　　）

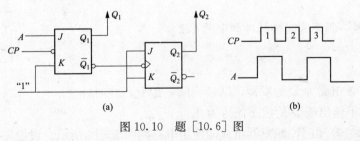

图 10.10　题 [10.6] 图

A. 1，1　　　　　　B. 1，0　　　　　　C. 0，1　　　　　　D. 保持 0，0 不变

答案：C

解题过程：图 10.10 所示电路异步计数电路，由下降沿触发的 JK 触发器组成。触发器初始态均为 0，第 1 个触发器 $J_1=A$，$K_1=1$，$Q_1^{n+1}=J_1\overline{Q_1^n}+\overline{K_1}Q_1^n=A\overline{Q_1^n}$；第 2 个触发器 $J_2=1$，$K_2=1$，$Q_2^{n+1}=J_2\overline{Q_2^n}+\overline{K_2}Q_2^n=\overline{Q_2^n}$，为计数状态。

第 1 个脉冲 CP 作用后，$Q_1^{n+1}=A\overline{Q_1^n}=1\times1=1$，$Q_2^{n+1}=\overline{Q_2^n}=1$。

第 2 个脉冲 CP 作用后，$Q_1^{n+1}=A\overline{Q_1^n}=0\times0=0$。第 2 个触发器有一个上升沿脉冲，$Q_2^{n+1}=1$ 保持。

[10.7]（2011）JK 触发器及其输入信号波形如图 10.11 所示，那么，在 $t=t_0$ 和 $t=t_1$ 时刻，输出 Q 分别为：（　　）

A. $Q(t_0)=1$，$Q(t_1)=0$

B. $Q(t_0)=0$，$Q(t_1)=1$

C. $Q(t_0)=0$，$Q(t_1)=0$

D. $Q(t_0)=1$，$Q(t_1)=1$

答案：B

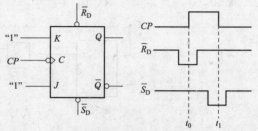

图 10.11　题 [10.7] 图

解题过程：图 10.11 所示电路是下降沿触发的 JK 触发器，$\overline{R_D}$ 是触发器的异步清零端，由 JK 触发器的逻辑功能分析可得：t_0 时刻，置 0，输出端 $Q=0$；t_1 时刻，置 1，输出端 $Q=1$。

[10.8]（2010）七段显示器的各段符号如图 10.12 所示，那么，字母 "E" 的共阴极七段显示器的显示码 abcdefg 应该是：（　　）

A. 1001111

B. 0110000

C. 10110111

D. 10001001

答案：A

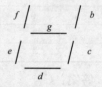

图 10.12　题 [10.8] 图

解题过程：七段显示器的各段符号均是由发光二极管电路组成，共阴极二极管指的是每个二极管的阴极在一起。当各支路上端输入为高电平 "1" 时，对应段点亮。

可以判断字母 "E" 对应的输入端 a，d，e，f，g 亮为高电平 "1"，其余端 b，c 不亮为 "0"。

[10.9]（2010）D 触发器的应用电路如图 10.13 所示，设输出 Q 的初值为 0，那么在时钟脉冲 CP 的作用下，输出 Q 为：（　　）

A. 1

B. CP

C. 脉冲信号，频率为时钟脉冲频率的 1/2

D. 0

答案：D

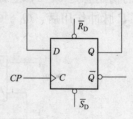

图 10.13　题 [10.9] 图

解题过程：该电路为 D 触发器，$Q_{n+1}=D_n$，因此，在时钟脉冲 CP 的作用下输出端 Q 的状态保持为 0。

[10.10]（2010）由 JK 触发器组成的应用电路如图 10.14 所示。设触发器的初值为 00，经分析可知，该电路是一个：（　　）

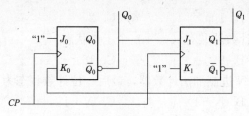

图 10.14　题［10.10］图

A. 同步二进制加法计数器　　　　B. 同步四进制加法计数器

C. 同步三进制计数器　　　　　　D. 同步三进制减法计数器

答案：C

解题过程：由图 10.14 可以列写逻辑状态表，见表 10.12。

表 **10.12**　　　　　　　　　　**逻 辑 状 态 表**

Q_0	Q_1	$J_0 =$ "1"	$K_0 = \overline{Q}_1$	$J_0 = \overline{Q}_0$	$K_1 =$ "1"
0	0	1	1	1	1
1	1	1	0	0	1
1	0	1	1	0	1
0	0	1	1	1	1

分析可知，$Q_1 Q_0$ 的变化顺序为 01→10→11，该电路为同步三进制计数器。

［10.11］（2009）JK 触发器及其输入信号波形图如图 10.15 所示，该触发器的初值为 0，则它的输出 Q 为：（　　）

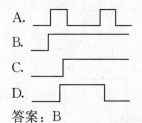
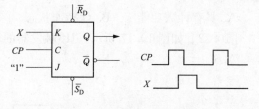

A.

B.

C.

D.

答案：B

图 10.15　题［10.11］图

解题过程：图 10.15 所示为电位触发的 JK 触发器，当 $CP=1$ 时，触发器取信号，又根据 J-K 功能表（见表 10.13）判断，B 答案正确。

表 **10.13**　　　　　　　　　　**J-K 功能表**

CP	J	K	Q^{n+1}
0	$\times$	$\times$	Q 不变
1	0	0	Q^n
1	0	1	0
1	1	0	1
1	1	1	$\overline{Q}_n$

10.3　考试模拟练习题

［10.12］一个触发器可以存放（　　）位二进制数。

A. 0　　　　　　　　B. 1　　　　　　　　C. 2　　　　　　　　D. 3

[10.13] 四位二进制计数器共有（　　）个工作状态。

A. 4　　　　　　　　B. 8　　　　　　　　C. 16　　　　　　　D. 32

[10.14] 从 0 开始的 N 进制加法计数器，最后一位计数状态为（　　）。

A. N　　　　　　　B. $N-1$　　　　　　C. $N+1$　　　　　　D. $2N$

[10.15] 同步时序逻辑电路和异步时序逻辑电路的区别是（　　）。

A. 没有触发器　　　　　　　　　　　B. 没有统一的时钟

C. 没有稳定状态　　　　　　　　　　D. 输出只与内部状态有关

[10.16] 计数器 74LS90 当 CP_2 接时钟脉冲，CP_1 接 Q_3 时，可构成（　　）进制计数器。

A. 二　　　　　　　　B. 五　　　　　　　C. 8421BCD 十　　　D. 5421BCD 十

[10.17] 对于 D 触发器，欲使 $Q^{n+1}=Q^n$，应使输入 $D=$（　　）。

A. 0　　　　　　　　B. 1　　　　　　　　C. Q　　　　　　　D. 悬空

[10.18] 对于 JK 触发器，欲使 $Q^{n+1}=0$，应使输入端（　　）。

A. $J=K=1$　　　　B. $J=0$ $K=1$　　　C. $J=1$ $K=0$　　　D. JK 都悬空

[10.19] 利用同步预置数端构成 M 进制加法计数器，若预置数为 0，则译码状态应为（　　）。

A. M　　　　　　　B. $M+1$　　　　　　C. $M-1$　　　　　　D. $N-1$

[10.20] 利用异步清零端构成 M 进制加法计数器，则译码状态应为（　　）。

A. M　　　　　　　B. $M+1$　　　　　　C. $M-1$　　　　　　D. $N-1$

[10.21] 逻辑电路如图 10.16 所示，当 $A=$ "0"，$B=$ "1" 时，cp 脉冲来到后 D 触发器（　　）。

A. 具有计数功能　　B. 保持原状态　　　C. 置 "0"　　　　　D. 置 "1"

[10.22] 如图 10.17 所示，JK 触发器的输出 Q 为（　　）。

A. 0　　　　　　　　B. 1　　　　　　　　C. Q　　　　　　　D. $\overline{Q}$

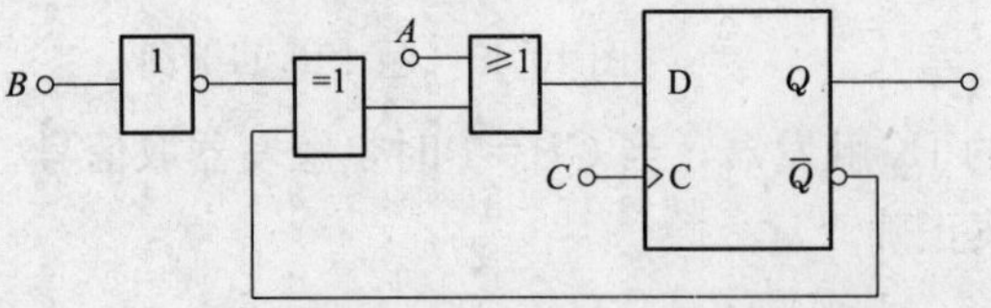

图 10.16　题 [10.21] 图 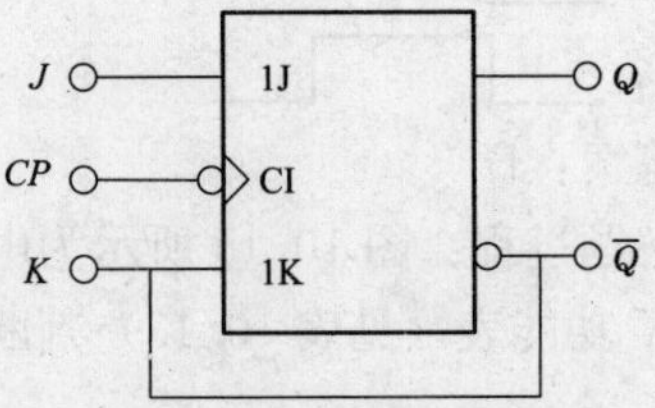　　　　　　　　图 10.17　题 [10.22] 图

10.3 考试模拟练习题参考答案